首届全国优秀教材奖一等奖
"十三五"职业教育国家规划教材
"十二五"职业教育国家规划教材
"十三五"江苏省高等学校重点教材

"十四五"职业教育国家规划教材

嵌入式组态控制技术
（第四版）

张文明　华祖银◎主　编

王一凡　黄晓伟　曹建军　宋黎菁
缪建华　付华良　陈东升　周达左　◎副主编

汤晓华◎主　审

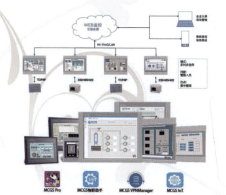

◆ 天道酬勤　力耕不欺
◆ 和光同尘　与时舒卷
◆ 大道行思　取则行远
◆ 筚路蓝缕　栉风沐雨
◆ 青衿之志　履践致远

微课版
附赠立体化教学资源包

中国铁道出版社有限公司
CHINA RAILWAY PUBLISHING HOUSE CO., LTD.

内容简介

本书遵循"新手—助手—熟手—高手—能手"现场工程师成长规律架构递进学习模块，以真实生产项目、典型工作任务、解决方案为载体组织教学内容，主要包括认识物联网触摸屏和工业组态应用、触摸屏人机界面基本应用解决方案、水位控制工程、"触摸屏+PLC+变频器"监控工程、智能运料小车控制工程、智能分拣控制工程、电梯控制系统虚拟仿真与运行监控等。

本书围绕国家重大战略，紧密对接产业升级和技术变革趋势，采用新技术、新标准、新规范、新工艺，配套丰富的数字化资源，融入中国优秀传统文化情感体验，促进学生情感发展与价值观形成，使认识、情感和行为达到内在的一致和协调。

本书可作为高职、职业本科、应用型本科院校自动化类、机械设计制造类、机电设备类、新能源发电工程类、电子信息类等相关专业的教材，也可作为部分中职学校及智能制造领域相关企业工程技术人员及现场工程师的培训教材和参考书。

图书在版编目（CIP）数据

嵌入式组态控制技术 / 张文明，华祖银主编 . —4 版 . —北京：
中国铁道出版社有限公司，2024.6（2025.4 重印）
"十四五"职业教育国家规划教材
ISBN 978-7-113-31091-2

Ⅰ.①嵌… Ⅱ.①张…②华… Ⅲ.①微型计算机 - 计算机控制系统 - 高等职业教育 - 教材 Ⅳ.① TP273

中国国家版本馆 CIP 数据核字（2024）第 053795 号

书　　名：	嵌入式组态控制技术
作　　者：	张文明　华祖银

策　　划：	秦绪好　何红艳	编辑部电话：	（010）63560043
责任编辑：	何红艳		
封面设计：	付　巍		
封面制作：	刘　颖		
责任校对：	安海燕		
责任印制：	赵星辰		

出版发行：中国铁道出版社有限公司（100054，北京市西城区右安门西街 8 号）
网　　址：https://www.tdpress.com/51eds
印　　刷：河北宝昌佳彩印刷有限公司
版　　次：2011 年 8 月第 1 版　2024 年 6 月第 4 版　2025 年 4 月第 2 次印刷
开　　本：787 mm×1 092 mm　1/16　印张：17　字数：388 千
书　　号：ISBN 978-7-113-31091-2
定　　价：59.80 元

版权所有　侵权必究

凡购买铁道版图书，如有印制质量问题，请与本社教材图书营销部联系调换。电话：（010）63550836
打击盗版举报电话：（010）63549461

前言

党的二十大报告指出："教育是国之大计、党之大计。培养什么人、怎样培养人、为谁培养人是教育的根本问题。育人的根本在于立德。全面贯彻党的教育方针，落实立德树人根本任务，培养德智体美劳全面发展的社会主义建设者和接班人。""坚持把发展经济的着力点放在实体经济上，推进新型工业化，加快建设制造强国、质量强国、航天强国、交通强国、网络强国、数字中国。实施产业基础再造工程和重大技术装备攻关工程，支持专精特新企业发展，推动制造业高端化、智能化、绿色化发展。""加快建设国家战略人才力量，努力培养造就更多大师、战略科学家、一流科技领军人才和创新团队、青年科技人才、卓越工程师、大国工匠、高技能人才。"为了认真贯彻党的二十大精神和习近平总书记重要讲话精神，坚持创新是第一动力，以创新开辟新领域新赛道，塑造教育高质量发展新动能新优势，培养高素质复合型技术技能型人才，增强服务中国式现代化建设的支撑作用，特对第三版《嵌入式组态控制技术》进行了修订。

教材建设是事关未来的战略工程、基础工程，体现国家意志。本教材坚持围绕立德树人根本任务，面向触摸屏工控现场工程师工作岗位，基于工作过程导向的项目化教学改革方向；坚持将行业、企业的典型、实用、操作性强的工程项目引入课堂；坚持发挥行动导向教学的示范辐射作用，通过学习物联网触摸屏人机界面组态设计及现场数据上云的开发与应用，提供最新组态软件、最新触摸屏产品和现场数据上云解决方案，遵循"新手—助手—熟手—高手—能手"成长规律架构递进学习模块，以真实生产项目、典型工作任务、解决方案为载体组织教学内容，引领学习触摸屏选型设计、美工规划、虚拟仿真、调试运行、数字孪生、上云赋能等，助力培养触摸屏工控现场工程师核心竞争力，赋能企业智能化转型和数字化改造，培养学生成为建设中国式现代化的有理想、敢担当、能吃苦、肯奋斗的新时代好青年。

本教材第三版曾获首届全国优秀教材奖一等奖，获评"十四五"职业教育国家规划教材、"十三五"职业教育国家规划教材、"十二五"职业教育国家规划教材、"十三五"江苏省高等学校重点教材、首届全国机械行业职业教育精品教材等。

本教材历经三次改版、升级，不断完善、优化，在保留原有特色的基础上，教材第四版围绕国家重大战略，紧密对接产业升级和技术变革趋势，服务产业智能化转型和数字化改造，服务职业教育"三教"改革，严格执行每三年修订一次、每年动态更新内容的要求，及时体现物联网触摸屏和上云赋能的新成果，有效服务国家创新型人才培养。同时立足建设新形态教材，"岗课赛证"融通，结合企业订单培养、学徒制、"1+X"证书、现场工程师制度等，将触摸屏工控岗位技能要求、职业技能竞赛、职业技能等级证书标准等有关内容有机融入教材，进行了纸质教材的数字化升级，形成可听、可视、可练、可互动、可仿真的新形态教材，呈现形式灵活，信息技术应用广泛，发挥国家优秀教材示范作用。

本教材由张文明、华祖银担任主编，王一凡、黄晓伟、曹建军、宋黎菁、缪建华、付华良、陈东升、周达左担任副主编，具体编写分工如下：张文明编写前言、每个项目的导航栏和练习与提高部分题，组织指导参加各项目编写；曹建军编写项目1，黄晓伟编写项目2任务1~5、任务7，项目4任务2、项目5；王一凡编写项目3任务1~6，缪建华编写项目3任务7、项目4任务1；付华良编写项目6；宋黎菁编写项目7；陈东升编写项目4任务3、任务4；周达左编写项目2任务6。全书由张文明策划、指导并负责统稿，华祖银负责项目1任务4及典型案例遴选、功能测试，全书由汤晓华担任主审。

本教材配套电子课件、微课、源代码、实验实训指导、课程标准和上云软件等丰富的数字化资源，读者可发送电子邮件至284314093@qq.com获取部分资源。

本教材在编写过程参考了大量的书籍、文献和手册资料，在此向各相关作者表示诚挚谢意。

限于编者的经验、水平以及时间，书中难免存在不足和疏漏之处，敬请各位专家、广大读者批评指正。

张文明

2024年1月

配套资源索引表

序号	模块	内容	页码	类别
1	模块一	MCGSPro组态软件安装	13	二维码-视频
2		MCGS物联助手PC端安装	13	二维码-视频
3		MCGSIoT云组态软件安装	13	二维码-视频
4		新建指示灯演示工程	14	二维码-视频
5		窗口标签组态	16	二维码-视频
6		日期时间组态	16	二维码-视频
7		指示灯1按钮组态	18	二维码-视频
8		指示灯1的动画构件组态	19	二维码-视频
9		指示灯1状态标签组态	19	二维码-视频
10		指示灯2按钮、动画显示构件、状态标签组态	20	二维码-视频
11		模拟运行	21	二维码-视频
12		指示灯2闪烁效果组态	22	二维码-视频
13	模块二	西门子1200设备窗口连接设置	34	二维码-视频
14		西门子1200组态界面下载模拟运行	39	二维码-视频
15		触摸屏与S7-1200PLC控制工程样例	40	二维码-素材
16		FX5U控制正反转运行无虚拟运行工程样例	47	二维码-素材
17		三菱FX控制3台电动机顺序启动工程样例	54	二维码-素材
18		Q00U PLC（主）+ FX3U PLC（从）CC-Link协议监控工程样例	60	二维码-素材
19		竞赛倒计时	69	二维码-视频
20		倒计时控制系统-触摸屏+PLC工程样例	72	二维码-素材
21		主窗口组态	76	二维码-视频
22		实时历史数据窗口组态	77	二维码-视频
23		定义变量数据及报警属性设置	78	二维码-视频
24		变量关联设置	80	二维码-视频
25		实时曲线历史曲线设置	81	二维码-视频
26		设备组态	82	二维码-视频

续表

序 号	模 块	内 容	页 码	类 别
27	模块二	阿里云组态	84	二维码-视频
28		延时时间设定工程转换	89	二维码-视频
29		正反转运行	90	二维码-视频
30		主电路图	91	二维码-素材
31		PLC控制电路图	92	二维码-素材
32		PLC程序图	92	二维码-素材
33		三菱FX5U PLC控制电动机正反转-以太网通信监控	94	二维码-素材
34		正反转系统触摸屏控制测试运行	94	二维码-视频
35	模块三	添加图元	97	二维码-视频
36		添加文字标签	98	二维码-视频
37		定义数据变量	99	二维码-视频
38		调节阀和出水阀变量连接	100	二维码-视频
39		水泵和出水阀动画连接	101	二维码-视频
40		流动块数据连接	102	二维码-视频
41		利用滑动输入器手动调节水位	104	二维码-视频
42		编写脚本	105	二维码-视频
43		添加模拟设备	106	二维码-视频
44		运行调试	107	二维码-视频
45		添加外部设备	110	二维码-视频
46		报警显示	117	二维码-视频
47		修改报警限值	119	二维码-视频
48		报警动画显示	120	二维码-视频
49		实时报表输出	121	二维码-视频
50		历史数据报表	122	二维码-视频
51		曲线显示	125	二维码-视频
52		单片机电路设计	144	二维码-视频
53		触摸屏驱动	145	二维码-视频
54		组态界面	153	二维码-视频
55	模块四	组态界面绘制	159	二维码-视频
56		数据库建立	160	二维码-视频
57		数据对象连接	160	二维码-视频
58		运行策略设计	163	二维码-视频

续表

序号	模块	内容	页码	类别
59	模块四	模拟调试运行	165	二维码-视频
60		物料混料系统配方控制工程界面	167	二维码-视频
61		物料混料配方控制系统-触摸屏+PLC工程样例	171	二维码-素材
62		触摸屏+西门子S7-200 SMART与两台汇川变频器Modbus-RTU通信工程样例	176	二维码-素材
63		触摸屏+西门子S7-200 SMART与两台汇川变频器Modbus-RTU通信	179	二维码-视频
64		昆仑技创触摸屏与ABB变频器恒压供水通信工程样例	183	二维码-素材
65		恒压供水控制运行脚本程序	187	二维码-素材
66		触摸屏与ABB变频器恒压供水通信	188	二维码-视频
67	模块五	MCGSPro组态软件安装包	190	二维码-素材
68		三色小球运动控制工程案例	191	二维码-素材
69		运动小球下载及模拟运行	195	二维码-视频
70		运料小车虚拟运行动画	206	二维码-视频
71		运料小车PLC程序讲解	209	二维码-视频
72		PLC程序样例	209	二维码-素材
73		MCGS调试助手_V1.7	213	二维码-素材
74		触摸屏仿真动作	216	二维码-视频
75		系统实物动作	216	二维码-视频
76		制作气缸	219	二维码-视频
77		工件制作	220	二维码-视频
78		系统控制区制作	221	二维码-视频
79		物料选择区制作	221	二维码-视频
80		物料计数区	221	二维码-视频
81		传感器状态制作	222	二维码-视频
82		复位程序制作	223	二维码-视频
83		系统运行完整程序	225	二维码-素材
84		触摸屏端组态配置	229	二维码-视频
85		云端组态-添加窗口	232	二维码-视频
86		云端组态编辑窗口与数据连接	235	二维码-视频
87		电梯电气原理图	240	二维码-素材
88		运行模式提示框设计	243	二维码-视频
89		电梯外观与层门动画设计	244	二维码-视频

续表

序 号	模 块	内 容	页 码	类 别
90	模块五	轿厢运行轨迹动画设计	245	二维码-视频
91		楼层运行显示设计	245	二维码-视频
92		外呼按钮及指示设计	246	二维码-视频
93		内呼按钮及指示设计	247	二维码-视频
94		开关门按钮设计	248	二维码-视频
95		运行模式按钮设计	249	二维码-视频
96		轿厢高度和延时时间设计	249	二维码-视频
97		新建策略属性编辑	251	二维码-视频
98		内呼指示策略编辑	252	二维码-视频
99		外呼指示策略编辑	253	二维码-视频
100		平层和楼层显示策略编辑	254	二维码-视频
101		开关门策略编辑	254	二维码-视频
102		电梯模拟运行监控脚本程序	256	二维码-素材
103		模拟运行脚本程序讲解	256	二维码-视频
104		虚拟仿真运行与调试	256	二维码-视频
105		运行监控策略编辑	259	二维码-视频
106		电梯运行PLC程序	259	二维码-素材

目 录

模块一　新手篇　天道酬勤，力耕不欺

项目1　认识物联网触摸屏和工业组态应用 1
　　任务1　认识物联网触摸屏及工业组态软件 1
　　任务2　安装MCGS工业组态软件 11
　　任务3　指示灯演示工程 14
　　任务4　本地私有云布置 24

模块二　助手篇　和光同尘，与时舒卷

项目2　触摸屏人机界面基本应用解决方案 33
　　任务1　"触摸屏+西门子S7-1200 PLC"监控工程 33
　　任务2　"触摸屏+三菱FX5U PLC"工业以太网监控工程 41
　　任务3　"触摸屏+三菱FX系列PLC"编程口监控工程 53
　　任务4　"触摸屏+Q PLC（主）+FX3U PLC（从）CC-Link协议"
　　　　　　监控工程 58
　　任务5　倒计时组态监控工程 68
　　任务6　"触摸屏+ Modbus协议"温湿度传感器的阿里云平台监控 74
　　任务7　"触摸屏+三菱FX5U PLC"数字孪生工程 88

模块三　熟手篇　大道行思，取则行远

项目3　水位控制工程 96
　　任务1　组态设计 97
　　任务2　脚本程序编写与模拟运行 104
　　任务3　PLC编程与运行 108
　　任务4　报警、报表、曲线与安全机制 117

任务5　水位控制工程调试运行 133
　　任务6　本地私有云监控 135
　　任务7　单片机与触摸屏的水位控制工程 143

模块四　高手篇　筚路蓝缕，栉风沐雨

项目4　"触摸屏+PLC+变频器"监控工程 158
　　任务1　液位PID控制 158
　　任务2　物料混料系统配方控制工程 166
　　任务3　触摸屏+西门子S7-200 Smart与两台汇川变频器Modbus-RTU
　　　　　 通信 175
　　任务4　触摸屏控制变频器恒压供水 183

模块五　能手篇　青衿之志，履践致远

项目5　智能运料小车控制工程 190
　　任务1　运动小球虚拟仿真练习 190
　　任务2　智能运料小车触摸屏设计与仿真运行 196
　　任务3　智能运料小车的PLC控制与运行 207
　　任务4　智能运料小车计算机、手机远程监控 210

项目6　智能分拣控制工程 216
　　任务1　智能分拣触摸屏设计与仿真 217
　　任务2　智能分拣系统控制与运行 226
　　任务3　远程云端控制与调试 229

项目7　电梯控制系统虚拟仿真与运行监控 239
　　任务1　组态界面设计 241
　　任务2　虚拟仿真运行 251
　　任务3　电梯运行监控 258

模块一 新手篇
天道酬勤，力耕不欺

项目1 认识物联网触摸屏和工业组态应用

【导航栏】习近平强调，"巩固传统产业领先地位，加快打造具有国际竞争力的战略性新兴产业集群，推动数字经济与先进制造业、现代服务业深度融合，全面提升产业基础高级化和产业链现代化水平，加快构建以先进制造业为骨干的现代化产业体系"。国家发展和改革委员会印发的《"十四五"数字经济发展规划》提出了产业数字化转型迈上新台阶发展目标，制造业数字化、网络化、智能化更加深入。物联网触摸屏和工业组态软件不仅是实现工业数字化人机交互的重要设备和软件，而且成为工业数据上云的枢纽。在第四次工业革命进程中，工业触摸屏品牌林立，市场竞争激烈，深圳昆仑技创科技开发有限责任公司（简称昆仑技创）闯出一条"坚持民族品牌、坚持深度国产、坚持自主创新"发展之路。

▶ 任务1 认识物联网触摸屏及工业组态软件

任务目标
熟悉物联网触摸屏、MCGSPro工业组态软件、MCGS物联助手软件。

任务描述
有企业需要使用物联网触摸屏，请你介绍物联网触摸屏、MCGSPro工业组态软件、MCGS物联助手功能、应用场景和特点优势。

任务训练
物联网触摸屏是一种以触摸屏为基础，通过集成了物联网通信模块实现连接功能的触摸屏设备，它可以连接到互联网与其他设备进行通信，实现信息传输和控制。

随着后PC时代的到来，在制造业领域更注重使用符合其特定需求并带有智能的嵌入式工业控制组态软件，而嵌入式组态软件特具的按功能剪裁的特性，以及其内嵌的实时多任务操作系统，可保证整个嵌入式系统小体积、低成本、高实时性、高可靠性的同时，方便不具备嵌入式软件开发经验的用户在极短的时间内，使用嵌入式组态软件快速开发完成一个嵌入式系统，并极大加快了嵌入式产品开发及进入市场的速度，而且使制造设备具有了丰富的人机界面。

昆仑技创开发的MCGS全中文组态软件，以MCGSPro版作为组态开发环境，以MCGS Pro版作为物联网触摸屏运行环境，以MCGS物联助手实现远程维护，以

笔记栏

注释
天道酬勤，力耕不欺
"天道酬勤"出自《周易》，"力耕不欺"语出晋代陶渊明的《移居二首》，意思是付出努力一定会有回报。

践悟
2019年12月31日，国家主席习近平发表的2020年新年贺词中有"只争朝夕，不负韶华"，曾国藩说"只问耕耘，不问收获"，我们应内化于心、外化于行，享受学习生活过程中带来的充实。

MCGSIoT版实现云端部署监控。物联网触摸屏能有效帮助用户设计并制造全自动化的生产设备,给出了从现场监控工作站到企业生产监控信息网在内的完整的自动化解决方案。

图1-1~图1-4所示为嵌入式组态软件系统典型应用场景。

图1-1 消防喷淋电机状态监测

图1-2 点冷机状态监测

图1-3 酿酒线监测

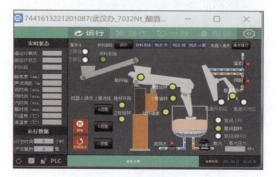

图1-4 智慧热网监测

 **认识物联网触摸屏**

MCGS嵌入式一体化触摸屏,目前有远程高配N系列、非远程高配G系列、普通配置K系列等多款产品。其中,远程高配N系列越来越受到用户欢迎,N系列产品包含了N2、N3、N5三种不同配置。N系列触摸屏产品特点如图1-5所示,N系列触摸屏产品定位如图1-6所示。

图1-5 N系列触摸屏产品特点

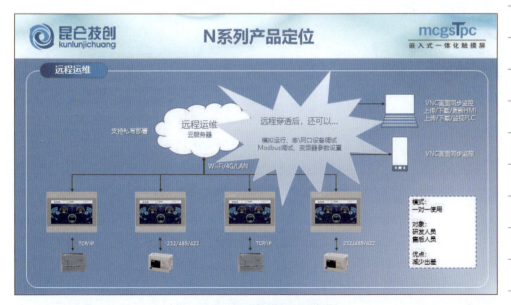

图1-6 N系列触摸屏产品定位

下面介绍MCGS触摸屏硬件、连接及远程应用。
(1)外观及硬件规格
触摸屏外观及硬件规格如图1-7所示。

图 1-7 触摸屏外观及硬件规格

（2）接口定义

N系列触摸屏接口定义如图1-8所示。

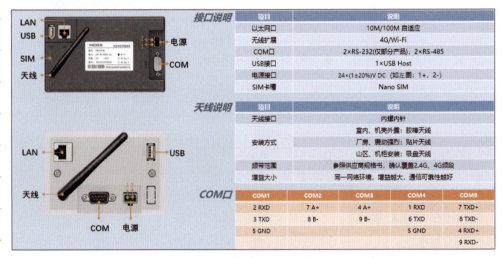

图 1-8 N 系列触摸屏接口定义

（3）触摸屏与PLC连接

MCGS触摸屏与典型PLC的通信连接，以三菱FX系列PLC、西门子S7-200 PLC、西门子Smart200 PLC为例，如图1-9所示。

（4）物联网触摸屏远程功能

N系列触摸屏可以通过物联网实现远程运维功能。可以实现一对一远程运维，即一个人同时只能远程调试一个屏，一个屏同时只能被一个人远程调试，实现下载上传HMI程序，以更新HMI程序；下载上传监控PLC，常用于检查设备故障；VNC监控HMI屏幕，常用于调整设备参数。远程运维系统图如图1-10所示。

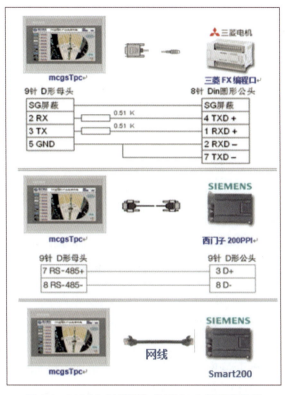

图 1-9　MCGS 触摸屏与典型 PLC 的通信连接

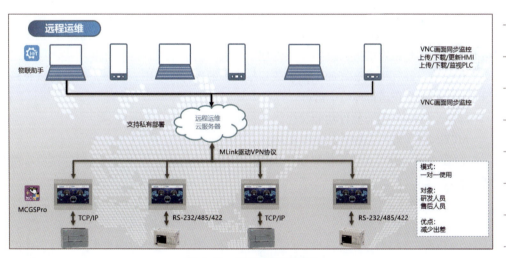

图 1-10　远程运维系统图

N系列触摸屏还可以实现多人监控一台触摸屏单机远程监控，实现监控、地图展示、设备管理、权限管理、消息推送。远程监控系统图如图1-11所示。

（5）物联网设置

N系列触摸屏无线联网分为4G版和Wi-Fi版，可通过LAN接入互联网。在后续项目中介绍详细应用。

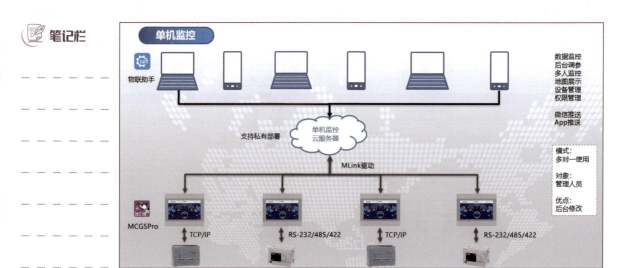

图 1-11 远程监控系统图

 认识MCGS工业组态软件

MCGS工业组态软件最新版本为MCGSPro版，分为组态环境和运行环境。MCGSPro组态软件的组态环境安装在台式计算机或者笔记本计算机中，用于组态开发。运行环境安装在TPC物联网触摸屏中，主要完成现场数据的采集与监测、前端数据的处理与控制，与其他相关的输入输出硬件设备结合，可以快速、方便地开发各种用于现场采集、数据处理和控制的自动化系统，如可以灵活组态各种智能仪表、数据采集模块、无纸记录仪、无人值守的现场采集站、人机界面等专用设备。

MCGSPro组态软件的运行环境是运行在物联网触摸屏中的一个独立系统，它按照组态工程中用户指定的方式进行各种处理，完成用户组态设计的目标和功能。一旦组态工作完成，并且将组态好的工程下载到触摸屏的运行环境中，组态工程就可以脱离组态环境而独立在运行环境中运行。

（1）MCGSPro组态软件功能及优势

MCGSPro工业组态软件的主要功能：

① 简单灵活的可视化操作界面：采用全中文开发界面，符合国内用户的使用习惯和要求。

② 实时性强、有良好的并行处理性能：真正的32位系统，对任务进行分时并行处理。

③ 丰富、生动的多媒体画面：以图像、图符、报表、曲线等多种形式，提供操作和控制信息。

④ 完善的安全机制：提供了优良的安全机制，为多个不同级别用户设定不同的操作权限。

⑤ 强大的网络功能：具有强大的网络通信功能。

⑥ 多样化的报警功能：提供多种不同的报警方式，方便用户进行报警设置。

⑦ 支持多种硬件设备：PLC、变频器、伺服驱动器、仪器仪表等。

MCGS组态软件优势如图1-12所示。

图 1-12　MCGS 组态软件优势

（2）MCGSPro组态软件组态环境组成

MCGSPro组态环境是开发者设计环境，使用前需要安装到开发者的计算机中。MCGSPro版组态软件生成的用户应用系统，由主控窗口、设备窗口、用户窗口、实时数据库和运行策略五个部分构成，如图1-13所示。各窗口有各自的特定功能，分别介绍如下：

图 1-13　MCGSPro 用户应用系统五个组成部分

① 主控窗口。基于Linux的触摸屏的主控窗口是组态工程结构的主框架，它位于控制台的首位，用户可在主控窗口内设置系统运行流程及特征参数。控制台则是所有设备窗口和用户窗口的父窗口，可以放置一个设备窗口和多个用户窗口，负责这些窗口的管理和调度，并调度用户策略的运行。一个应用系统只允许有一个主控窗口，主控窗口作为一个独立的对象存在。

② 设备窗口。在设备窗口中建立系统与外部硬件设备的连接关系，使系统能够从外部设备读取数据并控制外部设备的工作状态，实现对工业过程的实时监控。在MCGSPro组态软件中，实现设备驱动的基本方法是：在设备窗口内配置不同类型的设备构件，并根据外部设备的类型和特征，设置相关的属性，将设备的操作方法如硬件参数配置、数据转换、设备调试等都封装在构件之中，以对象的形式与外部设备建立数据的传输通道连接。系统运行过程中，设备构件由设备窗口统一调度管理。通过通

道连接,它既可以向实时数据库提供从外部设备采集到的数据,并提供给系统的其他部分进行控制运算和流程调度,又能从实时数据库查询控制参数,实现对设备工作状态的实时检测和过程的自动控制。

③ 用户窗口。在用户窗口中,通过对多个图形对象的组态设置,建立相应的动画连接,用清晰生动的画面反映工业控制过程。用户窗口是组成基于Linux的触摸屏图形界面的基本单位,所有的图形界面都是由一个或多个用户窗口组合而成,它的显示和关闭由各种功能构件(如动画构件、策略等)来控制。

用户窗口内的图形对象是以"所见即所得"的方式来构造的,也就是说,组态时用户窗口内的图形对象是什么样,运行时就是什么样,同时打印出来的结果也不变。

④ 实时数据库。在MCGSPro组态软件中,用数据对象来描述系统中的实时数据,用数据对象来代替传统意义上的值变量,把数据对象的集合称为实时数据库。实时数据库是MCGSPro组态软件的核心,是应用系统的数据处理中心。系统各部分均以实时数据库作为公用区进行数据交换,实现各个部分协调运作。设备窗口通过设备构件驱动外部设备,将采集的数据送入实时数据库。用户窗口与实时数据库中的数据对象建立连接关系,以动画形式实现数据的可视化,运行策略通过策略构件,对数据进行操作和处理。在MCGSPro组态软件中,数据对象是不同于传统意义的数据或变量,以变量的形式进行操作和处理。数据对象不仅包含了数据变量的数值特征,还将与数据相关的其他属性(如数据的状态、报警限制)以及对数据的操作方法(如数据的存盘处理和报警处理)封装在一起,作为一个整体以对象的形式提供服务。将数字、属性和方法定义成一体的数据称为数据对象。在MCGSPro组态软件中,用数据对象表示数据,可以把数据对象认为是比传统变量具有更多功能的对象变量,像使用变量一样来使用数据对象,大多数情况下直接使用名称操作数据对象。

⑤ 运行策略。经各部分组态配置生成的组态工程,只是一个顺序执行的监控系统,不能对系统的运行流程进行自由控制,这只能适应简单工程项目的需要。对于复杂的工程,监控系统必须设计成多分支、多层循环嵌套式结构,按照预定的条件,对系统的运行流程及设备的运行状态进行有针对性选择和精确控制。为了解决这个问题,MCGSPro软件引入运行策略机制。所谓"运行策略",是用户为实现对系统运行流程自由控制所组态生成的一系列功能块的总称。运行策略能够按照预设的顺序和条件操作数据对象,控制用户窗口状态,修改设备运行数据,提高控制过程的实时性和有序性。

▶ 3 认识MCGS物联助手

如需实现物联网触摸屏的远程监控,就需要用到MCGS物联助手,又称MCGS调试助手,可在PC端或者手机端对工业现场实施远程监控。MCGS物联助手是基于Linux操作系统虚拟网络控制台VNC开源代码开发的软件,分为PC端和手机端两个版本。MCGS物联助手PC端界面如图1-14所示,手机端界面如图1-15所示。

界面中各功能按钮说明如下:

① 联机:联机后可对触摸屏进行远程操作。

② VNC:VNC连接后,可实时监控触摸屏。

③穿透：单击"穿透"按钮，可以下载/上传/监控PLC（手机端无此功能）。
④刷新：刷新设备状态。
⑤注销：退出当前用户登录。
⑥搜索：输入关键字，设备列表将以设备名称、设备编号、ICCID进行关键字匹配，检索出符合条件的设备进行展示。

图 1-14　MCGS 物联助手 PC 端界面

4 认识MCGSIoT云平台软件

MCGSIoT云平台软件主要包括以下应用场景：

①远程配参：远程单机访问，远程配置设备参数，画面异步，配置一些关键参数，还可以不让现场工人看到，实现参数保密，以及节约赴现场维护成本。

②远程锁机：单机远程访问，可实现远程锁机功能，或者定时功能限制，有利于知识产权保护。

③权限分级：设备用户权限管理，区分VNC看、VNC操作、下载HMI/PLC权限。

④报警推送：支持报警推送（App、短信、微信），有报警发生时能及时通知。

⑤本地调试：需要多人调试或移动调试，需支持局域网多端访问屏。

⑥Web组态：需要远程监控参数较少时，可利用手机屏幕远程查看设备状态数据。

图 1-15　MCGS 物联助手手机端界面

⑦集中监控：300台级厂级组网，集中监控车间内所有屏的实时状态。

⑧单屏地图：观察某台设备位置，防止窜货。

⑨浏览器访问：无须安装客户端，仅浏览器即可访问。

MCGSIoT云平台软件工作台与MCGSPro组态环境工作台类似，其界面如图1-16所示。

MCGSIoT云平台软件工作台具有主控窗口、设备窗口、用户窗口和实时数据库四个窗口,各窗口功能介绍如下:

① 主控窗口:主控窗口是组态工程结构的主框架,它位于控制台的首位,用户可在主控窗口内设置系统运行流程及特征参数。在MCGSIoT组态环境中,一个应用系统只允许有一个主控窗口。

图1-16 MCGSIoT云平台软件工作台界面

② 设备窗口:设备窗口是产品组态软件的重要组成部分,在设备窗口中建立系统与MCGS触摸屏的连接关系,使系统能够从MCGS触摸屏读取数据并通过构件进行展示,实现对工业过程的实时查看。

③ 用户窗口:在用户窗口中,通过对多个图形对象的组态设置,建立相应的动画连接,用清晰生动的画面反映工业控制过程。用户窗口内的图形对象是以"所见即所得"的方式来构造的。

④ 实时数据库:实时数据库是不同类型数据对象的集合,数据对象可以用于构件属性的关联变量。

5 评价

评分表见表1-1。

表1-1 评分表

评分表 ____学年		工作形式 □个人 □小组分工 □小组	工作时间/min ____	
任务	训练内容	训练要求	学生自评	教师评分
认识物联网触摸屏及工业组态软件	1. 触摸屏人机界面应用场景描述,10分	能够口述生活中接触到触摸屏或者组态软件的应用场景		
	2. 组态和触摸屏之间的关系,10分	收集各类触摸屏功能及性能信息,进行比较;了解嵌入式组态组成;了解TPC系列产品性能、外观与接线		
	3. MCGSPro软件的五大窗口及相互联系,10分	能够口述并理解五大窗口功能及相互联系,掌握五大窗口之间关系和原理		
	4. 物联助手软件应用场景,10分	了解物联助手应用场景		
	5. MCGSIoT应用场景,10分	了解MCGSIoT云平台软件功能和作用		
	6. 通信连接、通信线选择或制作,20分	观察、动手制作TPC与PC通信线,并测试;观察、动手制作TPC与PLC通信线,并测试		
	7. 测试与功能,20分	TPC与PLC通信是否正常		
	8. 职业素养与安全意识,10分	工具、器材、导线等处理操作符合职业要求;遵守纪律,保持工位整洁		

学生:_____ 教师:_____ 日期:_____

任务2　安装MCGS工业组态软件

任务目标
掌握MCGSPro工业组态软件、MCGS物联助手软件、MCGSIoT云平台软件的安装方法。

任务描述
练习MCGSPro工业组态软件、MCGS物联助手软件、MCGSIoT云平台软件安装。

任务训练
应用MCGS工业组态软件开发工程项目过程中，必须使用MCGSPro组态环境软件进行开发，根据项目组网需要，还要用到MCGS物联助手软件、MCGSIoT云平台软件，下面分别介绍如何安装这三个MCGS开发软件。

1 安装MCGSPro组态软件

前面介绍MCGSPro组态软件的组态环境和运行环境。运行环境已经预置在触摸屏中，无须安装。在用户下载工程时，运行环境会自动监测并更新至与组态环境一致高版本，实现自动升级。

组态环境在使用前，需要安装到台式计算机或者笔记本计算机中。MCGSPro组态环境软件可以通过网络下载或者公司服务人员获取完整软件安装包。具体安装步骤如下：

① 将安装包解压后，运行Setup.exe文件，MCGSPro安装程序对话框如图1-17所示。

② 在弹出的对话框中单击"下一步"按钮，按提示步骤操作，随后，安装程序将提示指定安装目录，用户不指定时，系统默认安装到C:\MCGSPro目录下，建议改为其他盘，如D盘，如图1-18所示。安装大约需要几分钟，正在安装对话框如图1-19所示，完成安装对话框如图1-20所示。

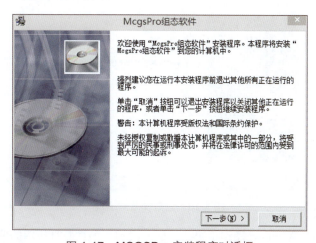

图1-17　MCGSPro安装程序对话框

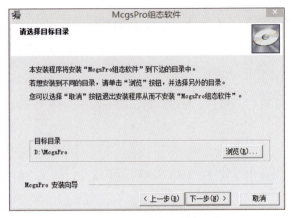

图 1-18　MCGSPro 安装目录

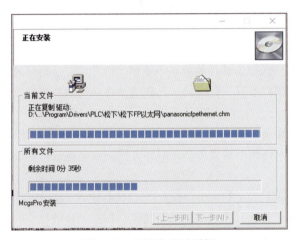

图 1-19　正在安装对话框

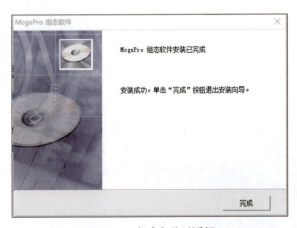

图 1-20　完成安装对话框

安装完成后，Windows操作系统的桌面上添加了如图1-21所示的两个快捷方式图标，分别用于启动MCGSPro组态环境和模拟运行环境。模拟器也可以在组态环境中下载，工程界面中选择模拟运行方式，单击"工程下载"按钮完成下载后，单击"启动运行"按钮进入所开发工程项目的模拟运行，通过模拟运行，查看并检验组态开发实际效果，以便及时修正。具体操作详见MCGSPro组态软件安装视频。

图 1-21 MCGSPro 软件桌面快捷方式

MCGSPro组态软件安装

2 安装MCGS物联助手软件

MCGS物联助手实现远程维护和监控功能。实际使用时，需要首先在计算机上安装MCGS物联助手软件，以下分别介绍PC端、手机端的安装。

（1）PC端MCGS物联助手安装

PC上安装，直接运行"MCGS物联助手.exe"应用程序；安装完成后在桌面生成MCGS物联助手的快捷方式图标。具体操作详见MCGS物联助手软件安装视频。

（2）手机端MCGS物联助手安装

手机上安装，暂时只支持安卓用户。将需要安装的APK文件发送到手机上，在手机上安装应用。安装成功后，需在手机权限处设置允许"OpenVPN for Android"软件关联启动及后台运行，允许"物联助手"软件后台运行。

远程物联需要完成触摸网络设置后才能实现，具体操作在后续项目中详细讲解。

MCGS物联助手PC端安装

3 安装MCGSIoT云平台软件

将安装包解压后，运行Setup.exe文件，完成安装后，桌面会自动新增一个MCGSIoT组态软件图标。具体操作详见MCGSIoT云组态软件安装视频。

4 评价

评分表见表1-2。

MCGSIoT云组态软件安装

表 1-2 评分表

评分表 _____ 学年		工作形式 □个人□小组分工□小组	工作时间/min _____	
任务	训练内容	训练要求	学生自评	教师评分
安装MCGS工业组态软件	1. MCGSPro组态软件安装，20分	安装软件，能够正常使用		
	2. MCGS物联助手PC端软件安装，20分	安装软件，能够正常使用		
	3. MCG物联助手手机端软件安装，20分	安装软件，能够正常使用		
	4. MCGSIoT云平台软件安装，20分	安装软件，能够正常使用		
	5. 职业素养与安全意识，20分	计算机使用；笔记本计算机软件安装；遵守纪律，保持工位整洁		

学生：_____ 教师：_____ 日期：_____

任务3　指示灯演示工程

任务目标

（1）掌握一般组态工程建立、组态、下载与模拟运行全过程操作；

（2）理解组态软件中主控窗口、设备窗口、用户窗口、实时数据库、运行策略相互之间逻辑关系和组态原理。

任务描述

练习一个简单指示灯演示工程，学习嵌入式组态软件工程建立、组态、模拟运行和下载到触摸屏的一般过程，理解组态软件中五大窗口之间的联系，理解组态原理机制。

任务训练

1 新建指示灯演示工程

双击MCGSPro组态软件快捷方式图标，打开MCGSPro组态软件，然后按如下步骤建立工程。

（1）选择"文件"菜单中"新建工程"命令，弹出"工程设置"对话框，如图1-22所示，TPC类型选择自有触摸屏对应的型号，单击"确定"按钮。

（2）选择"文件"菜单中的"工程另存为"命令，弹出"另存为"对话框，如图1-23所示，选择存储路径"D:\组态学习"，在"文件名"一栏内输入"指示灯演示"，单击"保存"按钮，工程创建完毕。

图1-22　选择触摸型号　　　图1-23　工程另存为

2 组态指示灯演示工程窗口

（1）窗口设置

在工作台中单击"用户窗口"选项卡，单击"新建窗口"按钮，可见"用户窗口"中已有"窗口0"，如图1-24所示。

单击"窗口0"，单击右侧"窗口属性"按钮，弹出"用户窗口属性设置"对话框，如图1-25所示，在"基本属性"选项卡中，将"窗口名称"修改为"指示灯演示",单击"确认"按钮进行保存。

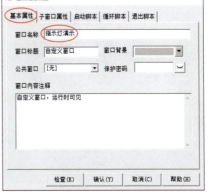

图 1-24 新建窗口　　　　　　　　图 1-25 窗口属性设置

（2）窗口标签组态

① 双击用户窗口，在工具箱中单击标签按钮 ，如图1-26所示。

② 在窗口编辑位置按住鼠标左键拖放出一定大小后，松开鼠标左键，一个标签构件就绘制在窗口中，如图1-27所示。

③ 双击该标签，弹出"标签动画组态属性设置"对话框，如图1-28所示，在"属性设置"选项卡的"静态属性"选项区域中，"填充颜色"设置为"绿色"，"字符颜色"选择"红色"，单击 按钮后弹出"字体"对话框，如图1-29所示，选择"字体"为"宋体"，"字形"为"粗体"，"大小"为"三号"，单击"确定"按钮。

④ 选择"扩展属性"选项卡，如图1-30所示，在"文本内容输入"选项区域中输入"指示灯演示"，单击"确认"按钮后，窗口标签组态效果如图1-31所示。在练习操作过程中，掌握设置方法后，也可根据自己喜欢的效果，设置不同字体、颜色、边框等效果。此处应当充分理解"所见即所得"的组态开发理念。

图 1-26 工具箱

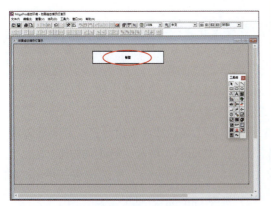

图 1-27 窗口标签绘制　　　　　　图 1-28 标签动画属性设置

窗口标签组态

图1-29 窗口标签字体设置

图1-30 窗口标签扩展属性文本内容设置

图1-31 窗口标签组态效果

日期时间组态

（3）日期、时间标签组态

① 日期标签组态。

继续在工具箱中选择标签 A，在窗口标准下方左侧放置一个标签，双击该标签，打开"标签动画组态属性设置"对话框，如图1-32所示，选择"属性设置"选项卡，在"静态属性"选项区域中，"填充颜色"选择"没有填充"，"字符颜色"选择黑色，"边线颜色"选择"没有边线"，选择"输入输出连接"选项区域中的"显示输出"复选框，可以发现该标签的"显示输出"选项卡被激活。

选择"显示输出"选项卡，如图1-33所示，单击表达式 ? 按钮，打开"变量选择"对话框，如图1-34所示，选择"对象名"中的"$Date"，单击"确认"按钮。在"显示输出"选项卡"显示类型"选项区域中选择"字符串输出"单选按钮，单击"确认"按钮。

② 时间标签组态。

按照同样的步骤，在日期标签右侧放置一个时间标签，输出显示变量选择系统变量"$Time"，完成后组态效果如图1-35所示。

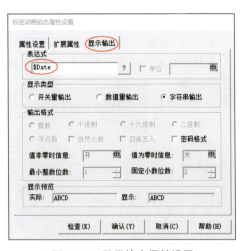

图 1-32 标签动画组态属性设置　　　　图 1-33 显示输出属性设置

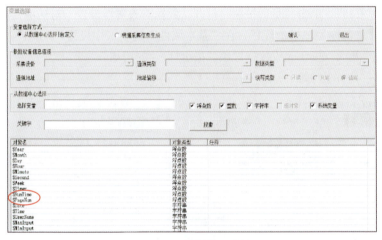

图 1-34 日期变量选择

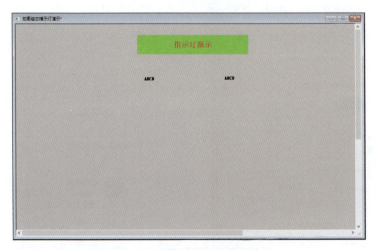

图 1-35 日期时间显示组态效果

（4）指示灯1组态

① 指示灯1按钮组态。

选择工具箱中标准按钮，在窗口编辑位置按住鼠标左键拖放出一定大小后，松开鼠标左键，一个标准按钮构件就绘制在窗口中。双击该按钮，打开"标准按钮构件属性设置"对话框，如图1-36所示，在"基本属性"选项卡"抬起状态"文本选项区域中，输入"指示灯1"。

选择"操作属性"选项卡，单击"抬起功能"按钮，如图1-37所示，选择"数据对象值操作"复选框，设置为"清0"，单击 ? 按钮打开"变量选择"对话框，在选择变量后输入"指示灯1"，单击"确认"按钮返回"标准按钮构件属性设置"对话框。单击"按下功能"按钮，如图1-38所示，选择"数据对象值操作"复选框，设置为"置1"，单击 ? 按钮打开"变量选择"对话框，在选择变量后输入"指示灯1"，单击"确认"按钮，再次返回"标准按钮构件属性设置"对话框，单击"确认"按钮。

此时弹出一个组态错误警示框，如图1-39所示，提醒"'指示灯1'---未知对象!是否增加此对象?"，单击"是"按钮，打开"数据对象属性设置"对话框，如图1-40所示，数据对象名称为"指示灯1"，在"基本属性"选项卡中设置"对象类型"为"整数"，单击"确认"按钮完成数据对象"指示灯1"的增加。

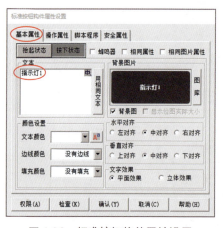

图 1-36　标准按钮构件属性设置

图 1-37　标准按钮抬起功能设置

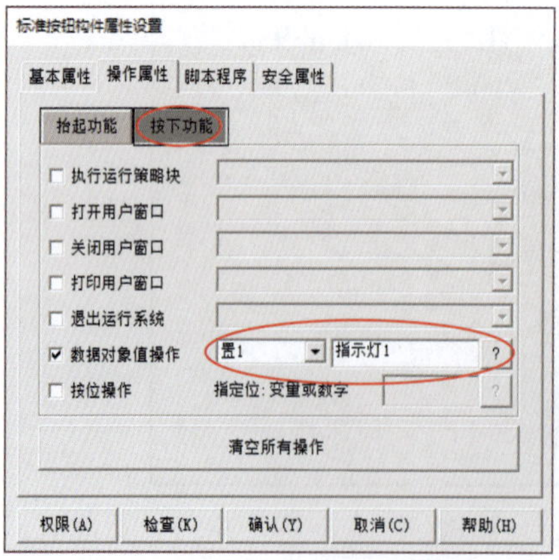

图 1-38　标准按钮按下功能设置

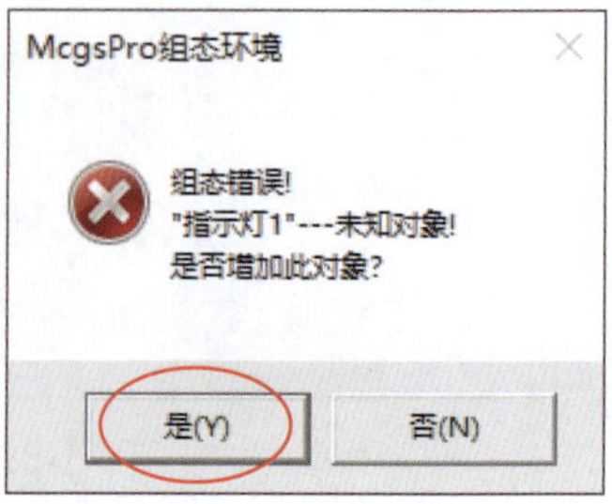

图 1-39　组态错误警示框

视 频
指示灯1按钮组态

② 指示灯1动画显示组态。

单击工具箱中插入元件按钮 ，打开"元件图库管理"对话框，选择"动画显示"中的"动画显示"元件，如图1-41所示，单击"确定"按钮插入动画显示元件，调整元件大小，并拖放到合适位置。

双击动画显示元件，打开"动画显示构件属性设置"对话框，如图1-42所示，在"基本属性"选项卡的"分段点"中删除2、3、4分段点，保留0、1分段点。当分段点值为0时，显示预览为灰色；当分段点值为1时，显示预览为绿色。

单击"显示属性"选项卡，如图1-43所示，单击 ? 按钮，选择连接数据对象"指示灯1"，单击"确认"按钮。

指示灯1的动画构件组态

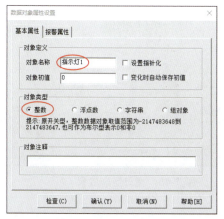

图 1-40 添加数据对象"指示灯 1"

图 1-41 添加动画显示构件

图 1-42 动画显示构件基本属性设置

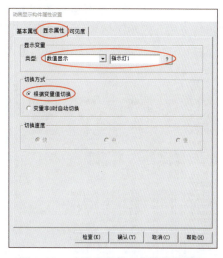

图 1-43 动画显示构件显示属性设置

③ 指示灯1状态标签组态。

在工具箱中单击标签 A，在窗口中添加一个标签，鼠标放置在该标签上，右击，在弹出的快捷菜单中选择"改字符"命令，在标签框中输入"指示灯1状态"。再在右侧放置一个标签，双击该标签，打开"标签动画组态属性设置"对话框，在"属性设置"的输入输出连接中激活"显示输出"选项卡，如图1-44所示，单击"显示输出"

指示灯1状态标签组态

笔记栏

● 视频

指示灯2按钮、动画显示构件、状态标签组态

选项卡,在"表达式"选项区域中选择数据对象"指示灯1",在"显示类型"选项区域中选择"开关量输出"单选按钮;在"输出格式"选项区域中,设置"值非零时信息"为"亮",设置"值为零时信息"为"灭"。

重复步骤①②③,完成指示灯2按钮、动画显示、状态标签组态,同时添加数据对象指示灯2的添加。使用工具栏中的等高宽、(右)对齐、横向间距等排列工具进行排列对齐,直至画面布局美观、满意为止,如图1-45所示。单击工具栏 按钮保存组态文件。

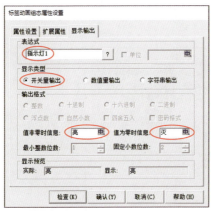

图1-44 "指示灯1"状态显示属性设置

图1-45 窗口组态效果

③ 模拟运行指示灯演示工程

(1) 下载模拟演示

单击工具栏中的下载运行按钮 ,打开"下载配置"对话框,如图1-46所示。在"运行方式"选项区域中选择"模拟"单选按钮,单击"工程下载"按钮。完成工程下载后,单击"启动运行"按钮,进入MCGSPro模拟器运行界面,如图1-47所示。

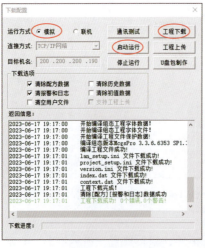

图1-46 下载配置

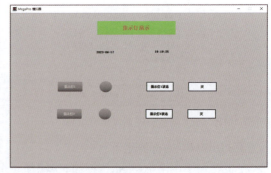

图1-47 模拟器运行界面

(2) 观察模拟器显示信息

注意观察模拟器显示的日期、时间信息与当前计算机的时间是否一致。观察指示

灯颜色为灰色，状态显示为灭。

（3）模拟测试

用鼠标长按指示灯1按钮，可以观察到指示灯1动画显示构件变为绿色，同时，指示灯1状态后的标签由灭显示为亮。松开鼠标，又变回灰色指示，标签显示为灭。可以反复用鼠标单击指示灯1按钮观察演示变化情况。

同样，用鼠标长按指示灯2按钮，进行同样测算观察。

4 运用策略组态实现指示灯2闪烁动画

通过以上模拟运行，指示灯1、指示灯2的模拟效果完全一致，都是在按下按钮后，指示灯变绿，状态为亮，松开按钮后，指示灯变灰，状态为灭。

下面通过练习组态，实现按下指示灯2按钮，指示灯2交替闪烁动画效果，松开按钮，停止。该组态过程可以通过策略脚本程序实现，具体组态过程如下。

① 选择工作台"实时数据库"窗口，增加一个整数型数据变量为闪烁，如图1-48所示。

图1-48　增加数据对象"闪烁"

② 在"用户窗口"选择动画显示构件指示灯2，将其关联显示变量由指示灯2替换为变量闪烁，如图1-49所示。

在"用户窗口"选择指示灯2标签动画组态属性设置，将其关联显示变量由指示灯2替换为变量闪烁，如图1-50所示。

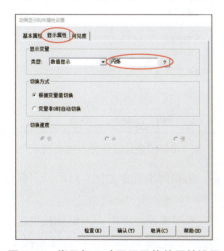

图1-49　指示灯2动画显示构件属性设置　　图1-50　指示灯2标签动画组态属性设置

③ 在工作台中选择运行策略,单击"新建策略"按钮打开"选择策略的类型"对话框,如图1-51所示,在列表框中选择策略类型为"循环策略",选择该策略并右击,打开"策略属性设置"对话框,如图1-52所示,"策略名称"选项区域中的文本框中输入"闪烁","策略执行方式"选项区域中选择"定时循环执行"单选按钮,"循环时间(ms)"设置为100。如此设置后,该策略每隔100 ms将会被执行一次,也就是每秒会被执行5次。

图1-51 "选择策略的类型"对话框

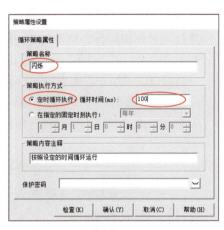

图1-52 "策略属性设置"对话框

鼠标双击闪烁策略,打开"策略组态"对话框。将鼠标放置在图标上,右击,在弹出的快捷菜单中选择"新增策略行"命令,如图1-53所示。

双击图1-53中 ![icon]，打开"表达式条件"对话框,如图1-54所示,单击 ? 按钮选择变量闪烁,单击"确认"按钮。

图1-53 新增策略行

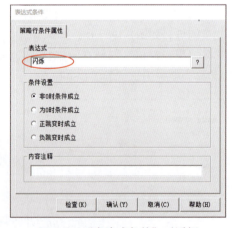

图1-54 "表达式条件"对话框

● 视频

指示灯2闪烁效果组态

双击图1-53中 ![icon]，打开"脚本程序"编辑器,编辑脚本程序如图1-55所示。保存脚本程序,关闭脚本编辑器。

④ 单击"下载运行"按钮,模拟下载程序,进入模拟器。此时,用鼠标长按指示灯2按钮,可以观察到指示灯2动画显示是否以绿色、灰色不断闪烁,状态显示在亮、灭交替显示。

5 下载运行

（1）USB下载

将标准USB线插到计算机的USB接口，微型接口插到TPC端的USB接口，连接触摸屏和PC。

单击工具条中的下载按钮，进行下载配置，如图1-56所示。"运行方式"选择"联机"单选按钮，"连接方式"选择"USB通讯"选项，然后单击"通信测试"按钮，通信测试正常后，单击"工程下载"按钮。工程下载完成后，单击图1-56中的"启动运行"按钮或者单击触摸屏上的"进入运行环境"启动触摸屏，运行工程。

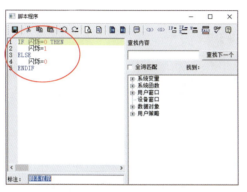

图1-55 "脚本程序"编辑器

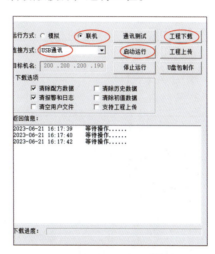

图1-56 USB下载

（2）网线下载

采用网线下载需将触摸屏IP与计算机的IP配置在同一个网段内，前三个地址必须一致。首先断电重启触摸屏，触摸屏出现进度条界面时单击触摸屏，进入"系统参数设置"界面，单击"系统参数设置"，进入"TPC系统设置"，选择"网络"，即可查看和修改触摸屏IP。

单击工具条中的下载按钮，进行下载配置，如图1-57所示。"运行方式"选择"联机"单选按钮，连接方式选择"TCP/IP网络"选项，设置目标TPC的IP地址（目标IP与计算机IP在同一网段内），单击"通信测试"按钮，通信测试正常后，单击"工程下载"按钮。

图1-57 网线下载

工程下载完成后，单击图1-57中的"启动运行"按钮或者单击触摸屏上的"进入运行环境"启动触摸屏，运行工程。

功能测试表见表1-3。

表 1-3 功能测试观察项目表

步骤	日期时间显示	指示灯1	指示灯2	指示灯1状态	指示灯2状态
指示灯1长亮功能测试					
按下"指示灯1"按钮					
松开"指示灯1"按钮					
指示灯2长亮功能测试					
按下"指示灯2"按钮					
松开"指示灯2"按钮					
指示灯2改为闪烁功能测试					
按下"指示灯2"按钮					
松开"指示灯2"按钮					

6 评价

评分表见表1-4。

表 1-4 评分表

任务	评分表 _____学年 训练内容	工作形式 □个人 □小组分工 □小组 训练要求	工作时间/min _____ 学生自评	教师评分
指示灯演示工程	1. 新建工程、保存，10分	完成工程新建，会选择保存目录		
	2. 模拟运行及测试，30分	学会模拟测试是否正确；标题、标签、日期、时间、指示灯动画等组态准确无误，触摸按钮，分别能够实现指示灯亮灭效果		
	3. 运用策略组态实现闪烁动画，30分	学会运用策略实现闪烁动画，组态正确，并模拟演示运行及测试成功闪烁效果		
	4. 联机运行及测试，20分	组态计算机与物联网触摸屏联机成功，可下载指示灯组态工程至触摸屏中，触摸屏可独立运行指示灯工程		
	5. 职业素养与安全意识，10分			

学生：_____ 教师：_____ 日期：_____

任务4 本地私有云布置

任务目标

（1）认识云服务；
（2）掌握本地私有云服务器和基于阿里公有云服务器部署的方法。

任务描述

通过云服务的认识，布置本地私有云和阿里公有云。

任务训练

1 认识云服务

云计算是一种通过网络提供计算资源和服务的技术。随着互联网技术的不断发展,云计算已经成为企业和组织中广泛采用的一种技术。云计算有许多优势,如灵活性、可扩展性、安全性、高可用性和低成本等。

私有云和公有云是云计算领域中的两种不同类型的云服务。它们之间的主要区别在于云服务的所有权和管理权。私有云是企业或组织自己搭建和管理的云服务,而公有云是由云服务提供商提供和管理的云服务。MCGS组态支持私有云和公有云两种不同类型。

私有云是指一种由企业或组织自行建设和管理的云计算平台。这种云计算平台一般部署在企业或组织自己的数据中心中,或者由专门的服务提供商托管。企业或组织可以根据自己的需求,自由选择硬件和软件配置,并且有完全的控制权和管理权。这种云计算平台可以提供虚拟化、存储、网络、安全等各种云计算服务。私有云的优势在于可以提供更高的安全性和可定制性。企业或组织可以根据自己的需求进行定制和管理,从而更好地满足自己的业务需求。同时,私有云也可以提供更高的数据安全性和隐私保护,因为企业或组织可以完全控制和管理自己的数据。

公有云是指由云服务提供商提供和管理的云计算平台。这种云计算平台一般部署在云服务提供商的数据中心中,由服务提供商负责管理和维护。企业或组织可以通过公有云租用云计算资源和服务,如虚拟机、存储、数据库、应用程序等。公有云的优势在于可以提供弹性计算、低成本、高可用性、易扩展等服务。

2 布置本地私有云

通过私有云部署,MCGS触摸屏可以将组态工程和数据上报至本地服务器,以便于用户可以在异地通过计算机或手机实现远程监控、权限设置、消息推送等功能。服务器部署在学校,师生进行访问成为本地云;服务器部署在MCGS公司,师生进行访问成为企业云。接下来,以学校为例,说明本地私有云的部署。

(1)服务器操作系统安装

选择一台服务器,最低硬件配置要求为双核CPU/4 GB内存/20 GB磁盘/2 Mbit/s带宽,安装操作系统最低版本为ubuntu18.04 64位(不能是ARM版)。下面以ubuntu-22.04.2-live-server-amd64为例,操作系统安装如图1-58所示。配置服务器IP地址,使服务器网络连通,如图1-59所示。

图1-58 操作系统安装

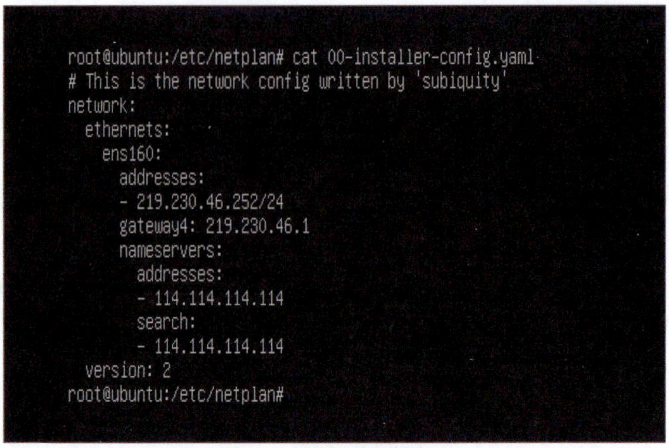

图 1-59　配置服务器 IP 地址

（2）部署MCGS服务器端软件

① 远程连接服务器：打开Xshell远程连接工具（用户可自行下载），在菜单栏中单击"文件"→"新建"命令，连接服务器，如图1-60所示。

图 1-60　应用 Xshell 连接服务器

② 设置主机地址：输入需要连接的服务器IP地址，如图1-61所示。对应服务器操作系统安装中所配置的服务器IP地址，此处主机IP应为219.230.46.252（IP地址根据实际情况设置），端口号为22。

图 1-61　设置主机地址

③ 登录服务器：根据提示依次输入用户名和密码，用户名为root，密码为服务器操作系统的登录密码。

④ 配置Xftp文件：打开Xftp，将服务器部署包里的MCGS服务端安装文件（McgsIoT3.0.1.8271_20230220.tar.gz、installall.sh）放在root根目录下，如图1-62所示。

⑤ 配置安装文件权限：在Xshell上配置安装文件权限。

命令1：sudo chmod a+x installall.sh。

命令2：sudo chmod a+x McgsIoT3.0.1.8271_20230220.tar.gz。

模块一 新手篇 天道酬勤，力耕不欺 27

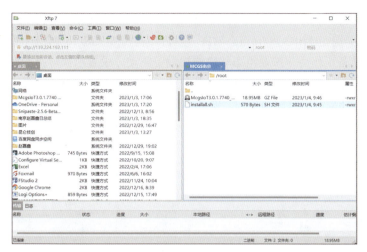

图1-62 上传安装文件到服务器

⑥ 安装脚本命令：运行安装脚本，sudo ./installall.sh McgsIoT3.0.1.8271_20230220.tar.gz，如图1-63所示。

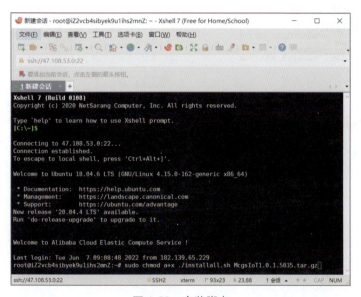

图1-63 安装脚本

⑦ 重启服务器：输入命令reboot，等待重启完成，至此本地服务器部署结束。如服务器架设在学校外，操作步骤相同，IP地址会发生变化。

⑧ 其他准备：为了实现后续组态工程私有云监控，还需要进行以下准备工作。

a. 计算机、手机、触摸屏可以接入学校统一SSID的无线网络。一般情况，计算机、手机等可以通过统一身份认证，连接到学校统一SSID；而组态触摸屏端由于无法进行身份验证，需要学校网络管理员为触摸屏单独开设接入学校本地网的专用SSID。如服务器架设在学校外（例如学校外服务器IP地址为121.237.177.253:9060），计算机、手机可正常上网即可。

b. 用户计算机客户端完成MCGSPro组态软件、运行环境和MCGSPro_MLink驱动、MCGS物联助手的安装；用户手机客户端完成MCGS物联助手的安装。

c. 触摸屏端完成MCGSPro组态软件、运行环境和MCGSPro_MLink驱动的安装。

在完成准备工作后，按照组态软件添加设备驱动、设置触摸屏屏端参数、注册物联助手用户账号、绑定触摸屏设备的步骤，即可完成组态工程的本地私有云布置，如图1-64所示。详细应用案例将在后续项目中介绍。

图1-64 实现本地私有云监控步骤

3 布置阿里公有云

公有云部署和本地私有云部署的主要区别在于：公有云是采购或租用云服务提供商提供和管理的云服务器，私有云是使用本单位的服务器。接下来，以阿里云为例，介绍公有云服务器的部署。

（1）采购ECS云服务器

① 注册阿里云账号：在阿里云官网中注册阿里云账号。如果已有账号，直接登录。

② 实名认证：根据相关政策，使用云服务器必须进行实名认证，请在阿里云账号中心进行实名认证，如图1-65所示。

③ 购买云服务器：在阿里云工作台→产品与服务→云服务器ECS中创建一台ECS。服务器要求：操作系统为ubuntu18.04 64位（不能是ARM版）；最低配置为2核CPU/4GB内存/20GB磁盘/2Mbit/s带宽，如图1-66所示。

图 1-65 阿里云注册及实名认证

图 1-66 购买阿里云服务器

请注意，购买云服务器进行到系统配置这一步时，建议使用自定义密码，便于后续通过Xshell连接云服务器时使用，如图1-67所示。其他配置按默认选项即可。

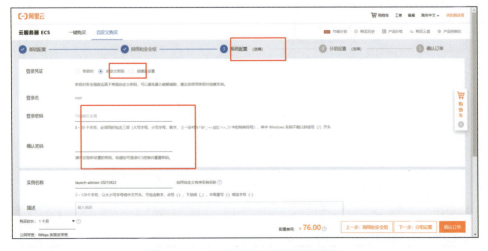

图 1-67 云服务器系统配置设置密码

（2）配置ECS云服务器

① 购买成功后，在云服务器ECS的实例列表中，可以查看到所购买的服务器公网IP地址。请注意：若在购买服务器时未提示设置登录凭证，也可在购买完成后"重置实例密码"，如图1-68所示。

图 1-68　重视实例密码

② 打开端口：在左侧菜单栏中"网络与安全"菜单下单击"安全组"选项，在弹出的页面中单击"创建安全组"按钮，如图1-69所示。

图 1-69　创建安全组

步骤1：输入安全组名称，选择网络，直接单击"创建安全组"按钮进行具体设置，如图1-70所示。

图 1-70　创建安全组具体设置

步骤2：返回安全组列表，单击前面创建的安全组，选择安全组ID，打开详细信息，如图1-71所示。

图 1-71　打开安全组查看详细信息

步骤3：在详细信息页面，单击"导入安全组规则"按钮，选择需要打开的端口CSV文件（供应商提供）导入即可，如图1-72所示。

图 1-72　导入安全组规则文件

至此安全组配置完毕，单击"实例"选项，进入实例详情，将实例加入前面创建的安全组，即完成ECS云服务器配置，如图1-73所示。

图 1-73　添加实例创建的至安全组

参考本地私有云部署，完成MCGS服务器端软件安装即可。详细应用案例将在后续项目中介绍。

评分表见表1-5。

表1-5 评分表

任务	评分表 _____学年	工作形式 □个人 □小组分工 □小组		工作时间/min _____	
	训练内容	训练要求		学生自评	教师评分
本地私有云布置	1. 服务器操作系统安装，20分	配置服务器IP地址，使服务器网络连通			
	2. 部署MCGS服务器端软件，20分	设置服务器，配置文件权限等			
	3. 完成MCGSPro组态软件安装，20分	在PC端完成MCGSPro组态软件安装			
	4. 完成MCGSPro_MLink驱动安装，20分	在PC端完成MCGSPro_MLink驱动安装			
	5. 了解物联网触摸屏云平台，10分	登录物联网触摸屏云平台，了解相关使用功能			
	6. 职业素养与安全意识，10分	现场安全保护；工具、器材、导线等处理操作符合职业要求；分工合作，配合紧密；遵守纪律，保持工位整洁			

学生：_____ 教师：_____ 日期：_____

练习与提高

1. 阐述嵌入式组态软件、物联网触摸屏之间关系。
2. 是否可以采用U盘下载组态过程？
3. 组态环境与运行环境有什么关系？组态环境是开发工具吗？
4. 工作台有哪几个窗口？各自功能是什么？
5. 简单说明一下，本项目中闪烁动画组态是如何实现的？
6. 循环策略运行的机制是什么？如何修改设置循环周期？
7. 如果需要设置闪烁频率为每秒1次，循环周期设置多少？
8. 组态数据库中变量有哪几种类型？
9. 简述通过数据变量赋值实现动画显示工作机理。
10. 阐述云服务中私有云和公有云监控的联系与区别。
11. 登录121.237.177.253:P0601私有云，输入你使用的触摸屏的有关信息。
12. 你如何理解"天道酬勤"，如何做到"勤"？

项目2 触摸屏人机界面基本应用解决方案

【导航栏】 当今世界,新一轮科技革命和产业转型加速推进,在创新发展和技术进步驱动下,数字化转型正在重塑社会,带动市场和未来工作形式。

传统控制使用按钮、指示灯、仪表等进行操作和监视,难以实现系统工艺参数的现场设置和修改,不方便对整个系统集中监控。触摸屏取代传统的按钮、指示灯和显示仪表,通过和PLC通信,实现人与系统的信息交换,便于对整个系统的操作和监视。触摸屏操作简便、界面美观、人机交互好,不仅能直观地在屏上看到各设备的。触摸屏工作状态,实现设备参数设置、运行控制、运行状态监控、故障报警等功能,而且能实现现场设备的实时监视、数据存盘、现场控制和报警功能。本项目实施触摸屏人机界面基本功能组态,以及联机调试。

▶ 任务1 "触摸屏+西门子S7-1200 PLC"监控工程

任务目标

（1）掌握西门子S7-1200 PLC与触摸屏建立通信的方法;
（2）掌握设备组态、窗口组态、模拟调试、联机调试的方法;
（3）能设计触摸屏操控西门子PLC输出点及读写数据寄存器。

任务描述

建立"TPC通信控制"工程,构建Q0.0、Q0.1、Q0.2三个按钮,分别控制PLC输出端Q0.0、Q0.1、Q0.2;构建三个指示灯,显示输出端状态;构建输入框,读写PLC的MW0和MW2数据。系统由TPC7022Nt/Ni、西门子S7-1200系列PLC、网络直通线、24 V开关电源等组成。

任务训练

1 建立工程

双击MCGSPro组态软件快捷方式图标,选择"文件"菜单中"新建工程"命令,弹出"工程设置"对话框,选择"TPC7022Nt/Ni"后,选择"文件"菜单中"工程另存为"命令,在弹出的对话框的"文件名"栏内输入"TPC通信控制.MCP",单击"保存"按钮。

2 设备组态

（1）在工作台中激活设备窗口,双击"设备窗口"按钮进入设备组态界面,单击

笔记栏

注释

和光同尘,与时舒卷

语出《晋书·宣帝纪论》:"和光同尘,与时舒卷;戢鳞潜翼,思属风云。"

解释为:与时俱进,随着时代的变化来施展自己的才能,温和的光芒与尘土一样不张扬,顺应时势,屈伸舒缓。

践悟

古时候,人们总结了许多道德、伦理准则,如儒家五常:仁、义、礼、智、信,五种传统美德:温、良、恭、俭、让,以及忠、孝、廉、耻、勇五种高贵品质。宋朝时,在前人的基础上又总结出了八德:孝、悌、忠、信、礼、义、廉、耻。到了清朝,曾国藩总结出一个修身"八德",他说:"余近年默省之勤、俭、刚、明、忠、恕、谦、浑八德就中能体会一二字,便有日进之象"。

笔记栏

践悟

我们学习和生活中不妨每日以此"勤、俭、刚、明、忠、恕、谦、浑"八德自省一番:

勤:我够勤奋吗?做到了身勤、心勤、眼勤、手勤、口勤吗?

俭:我够节俭吗?消费是不是节俭?精力是不是节俭?

刚:我够刚毅吗?够坚强、坚忍吗?那份理想和初心、进取的热情和毅力还有吗?

明:我够明白吗?够精明、英明、高明吗?我的学识够用吗?

忠:我对得起天地、对得起国家、对得起朋友、对得起家人吗?

恕:我对人是不是够宽容?是不是做到了严于律己,宽以待人?

谦:我在人前是否谦恭礼让?是否发现别人的优点,而不是目中无人,口出狂言?

浑:我是否能及时调整自己适应各种场合和氛围,与大家浑然一体,而不是格格不入?

视频
西门子1200设备窗口连接设置

工具条中的"设备管理"按钮,弹出"设备管理"对话框,如图2-1所示。

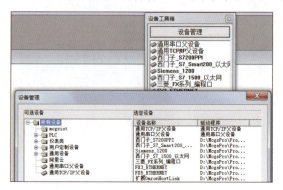

图2-1 设备管理

(2)在"设备管理"对话框中,先双击选择"通用TCP/IP父设备",再打开PLC设备,在Siemens_1200以太网文件夹下,选择"Siemens_1200",将其添加至"通用TCP/IP父设备"下,提示"是否使用'Siemens_1200'驱动的默认通信参数设置TCP/IP父设备参数?",单击"是"按钮,如图2-2所示。窗口连接设置完成如图2-3所示。

图2-2 默认通信参数设置串口父设备

图2-3 设备窗口组态

查看通用TCP/IP父设备基本属性,本地IP地址为192.168.0.190;远程IP地址为192.168.0.1,远程端口号102,如图2-4所示。此基本属性应与PLC通信参数设置一致,否则通信失败。

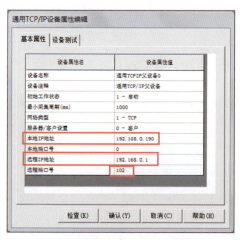

图2-4 通用 TCP/IP 父设备设置

 3 用户窗口组态

(1)在工作台中激活用户窗口,单击"新建窗口"按钮,建立新画面"窗口0",

如图2-4所示。

（2）单击"窗口属性"按钮，弹出"用户窗口属性设置"对话框，在"窗口名称"文本框内输入"西门子1200控制画面"，如图2-5所示。

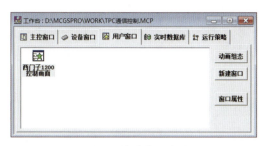

图 2-5　修改窗口名称

（3）双击"西门子S7-1200控制画面"窗口，进入组态界面。

（4）组态基本构件：

① 标准按钮：单击工具箱中"标准按钮"，在窗口界面中绘制按钮构件。双击该按钮，弹出"标准按钮构件属性设置"对话框，切换到"基本属性"选项卡并将"文本"文本框内容修改为Q0.0，单击"确认"按钮保存，如图2-6所示。按照同样的操作步骤分别绘制其他两个按钮，文本框内容分别修改为Q0.1和Q0.2。

使用工具栏中的等高宽、左（右）对齐和纵向等间距将三个按钮进行排列对齐，如图2-7所示。

图 2-6　按钮构件组态

图 2-7　按钮等间距排列对齐

② 指示灯：单击工具箱中的"插入元件"按钮，弹出"元件图库管理"对话框，在图库列表的类型中选择"公共图库"，单击指示灯文件夹，选择"指示灯3"，如图2-8所示，单击"确定"按钮添加到窗口界面中，并调整到合适大小。按照同样的操作步骤再添加两个指示灯，摆放在按钮右边，在指示灯右侧添加三个标签，分别输入文字"Q0.0"、"Q0.1"和"Q0.2"，组态效果如图2-9所示。

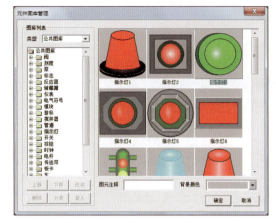

图 2-8 指示灯元件选择

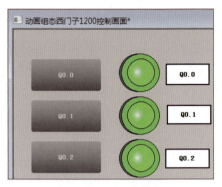

图 2-9 指示灯构件组态

③ 标签:单击工具箱中的"标签"按钮,在窗口界面按住鼠标左键,拖放出一定大小的"标签"。双击该标签,弹出"标签动画组态属性设置"对话框,单击"扩展属性"选项,在"文本内容输入"文本框中输入MW0,单击"确认"按钮,如图2-10所示。按照同样的操作步骤,添加另一个标签,在"文本内容输入"文本框中输入MW2,两个标签构件组态效果,如图2-11所示。

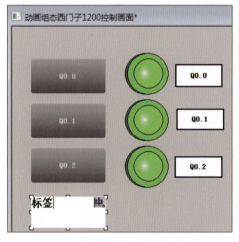

图 2-10 MW0 标签组态

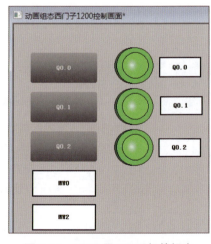

图 2-11 MW0 及 MW2 标签组态

④ 输入框:单击工具箱中的"输入框"按钮,在窗口界面中按住鼠标左键,拖放出两个一定大小的"输入框",分别摆放在MW0、MW2标签的旁边位置,如图2-12所示。

4 建立数据链接

(1)标准按钮设置:双击Q0.0按钮,弹出"标准按钮构件属性设置"对话框,切换到"操作属性"选项卡中,默认"抬起功能"按钮为按下状态,选择"数据对象值操作"复选框,选择"按1松0"选项,如图2-13所示,单击" ? "按钮,弹出"变量选择"对话框,在"变量选择方式"选项区域中选择"根据采集信息生成"单选按钮,在"根据设备信息连接"选项区域中通道类型为"Q输出继电器",通道地址为

"0",数据类型为"通道的第00位",读写类型为"读写",如图2-14所示,设置完成后单击"确认"按钮。

图 2-12 输入框组态

图 2-13 按钮操作属性设置

图 2-14 标准按钮 Q0.0 变量选择

使用同样的方法,分别对Q0.1和Q0.2按钮进行设置,数据类型分别修改为"通道的第01位"和"通道的第02位"。

(2)指示灯设置:双击Q0.0旁边的指示灯,弹出"单元属性设置"对话框,切换到"变量列表"选项卡中,分别单击"@可见度"和"@开关量"表达式,单击" ? "按钮,如图2-15所示,弹出"变量选择"对话框,选择"根据采集信息生成"单选按钮,通道类型为"Q输出继电器",通道地址为"0",数据类型为"通道的第00位",读写类型为"读写",与图2-14所示一致。

(3)输入框设置:双击MW0标签旁边的输入框,弹出"输入框构件属性设置"对话框,在"操作属性"选项卡中,单击" ? "按钮,如图2-16所示,弹出"变量选择"对话框,选择"根据采集信息生成"单选按钮,通道类型为"M内部继电器";通道地址为"0";数据类型为"16位无符号二进制";读写类型为"读写",如图2-17所示,设置完成后单击"确认"按钮。

同样的方法,双击MW2标签旁边的输入框进行设置,在"操作属性"选项卡中,选择对应的数据对象:通道类型选择为"M内部继电器";通道地址为"2";数据类型为"16位无符号二进制";读写类型为"读写"。

图 2-15 指示灯单元属性设置

图 2-16 MW0 输入框构件属性设置

图 2-17 MW0 变量选择

5 调试与评价

（1）软件模拟运行。单击工具栏中的"下载运行"按钮，进行下载配置。先单击"模拟运行"按钮，再单击"工程下载"按钮，进入模拟运行画面。在模拟运行画面中，按下Q0.0按钮，指示灯变绿，松开Q0.0按钮，指示灯变红，如图2-18所示。单击输入框后弹出可用键盘输入数字对话框，如图2-19所示。

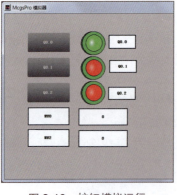
图 2-18 按钮模拟运行

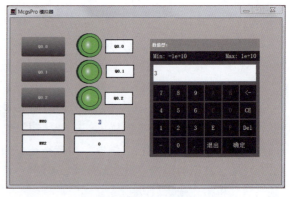
图 2-19 输入框模拟运行

（2）触摸屏与PLC联机运行：

① USB通信下载。单击工具栏中的"下载运行"按钮，进行下载配置。运行方式

选择"联机"单选按钮,连接方式选择"USB通信"选项,如图2-20所示,然后单击"通信测试"按钮,通信测试正常后,单击"工程下载"按钮,如图2-21所示。

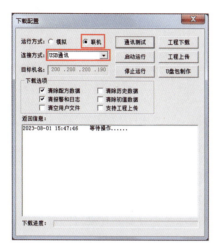

图 2-20　USB 通信下载配置

图 2-21　USB 通信下载成功

② U盘下载。U盘可以下载工程,也可以更新触摸屏系统。单击下载配置中的"U盘包制作"按钮,如图2-22所示。在弹出的对话框中选择U盘,选择U盘功能包存储的地址,单击"确定"按钮生成U盘工程包,如图2-23所示。然后把U盘插入触摸屏的U盘接口,等待触摸屏系统自动识别后,进行用户工程下载,下载完成后重启系统。

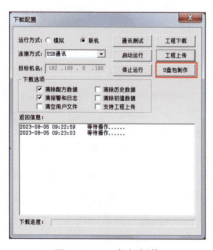

图 2-22　U 盘包制作

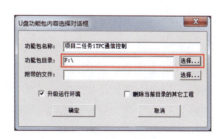

图 2-23　U 盘功能包目录

③ 网口下载。用网口下载时,首先需要修改触摸屏本地的IP地址。由于触摸屏与PLC必须在同一网段内才能正常通信,触摸屏本地IP地址需修改为192.168.0.190。

具体步骤为:重启触摸屏,在触摸屏读取进度条,进入运行环境之前,单击触摸屏进入系统参数设置界面,如图2-24所示,单击"系统参数设置"按钮进入触摸屏系统。选择"网络"选项卡,网卡选择"LAN",将IP地址修改为触摸屏对应地址192.168.0.190,如图2-25所示。修改完后,关闭TPC系统设置,单击"进入运行环境"按钮,进入触摸屏系统。

图 2-24 触摸屏系统参数界面

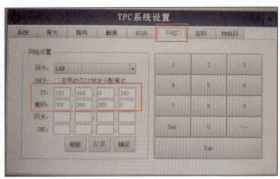

图 2-25 触摸屏网络 IP 设置

单击工具栏中的"下载运行"按钮，进行下载配置。连接方式选择"TCP/IP网络"，修改目标机名为"192.168.0.190"，运行方式选择"联机"单选按钮，单击"工程下载"按钮即可，如图2-26所示。注意：必须确保个人计算机IP地址与触摸屏IP地址在同一网段内，个人计算机IP地址设置参考图2-27所示。

图 2-26 工程下载

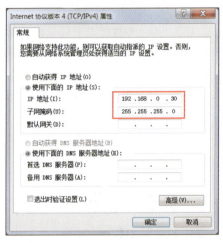

图 2-27 个人计算机 IP 地址设置

触摸屏与S7-1200PLC控制工程样例

工程下载完成后，使用网络直通线连接TPC7022Nt/Ni网口与西门子S7-1200系列PLC网口，当单击触摸屏上Q0.0、Q0.1和Q0.2按钮时，观察PLC的指示灯，是否会随着按钮的操作而变化，MW0和MW2数据寄存器是否可以进行数据的读写。

将调试结果填入功能测试表2-1中；根据评分表2-2对任务完成情况做出评价。

表 2-1 功能测试表

操作步骤	观察项目									
	Q0.0		Q0.1		Q0.2		MW0		MW2	
	屏指示灯	PLC	屏指示灯	PLC	屏指示灯	PLC	输入框	PLC	输入框	PLC
输入框读写功能测试										
Q0.0按钮功能测试										
Q0.1按钮功能测试										
Q0.2按钮功能测试										

表 2-2　评分表

任务	评分表 _____学年 训练内容及配分	工作形式 □个人 □小组分工 □小组 训练要求	工作时间/min	
			学生自评	教师评分
"触摸屏+西门子S7-1200 PLC"监控工程	1. 工作步骤及电路图样，20分	训练步骤；PLC和触摸屏型号选择		
	2. 通信连接，20分	TPC与PC通信；TPC与PLC通信；网口下载、USB下载		
	3. 工程组态，20分	设备组态；窗口组态		
	4. 功能测试，30分	按钮功能；指示灯功能；输入框功能		
	5. 职业素养与安全意识，10分	现场安全保护；工具、器材、导线等处理操作符合职业要求；分工合作，配合紧密；遵守纪律，保持工位整洁		

学生：_____ 教师：_____ 日期：_____

练习与提高

1. 联机运行时，如何读写PLC存储器数据？如何观察PLC内部数据变化？
2. 利用网络口将组态工程下载到触摸屏中的要点是什么？
3. PLC和触摸屏无法进行通信时，如何查找故障点？
4. 设备组态、用户窗口组态的目的各是什么？
5. 为什么要进行变量链接？又如何进行变量链接？
6. 试用其他品牌PLC完成该任务。
7. 三台电动机M1、M2、M3顺序控制：按下SB1后，M1启动；延时5 s后，按下SB2，M2启动；延时8 s后，按下SB3，M3启动；按下SB4后全部停止。请用按钮、指示灯、电动机、输入框、标签等组态控制画面。
8. 如何通过TPC输入框读写PLC内部定时时间和计数次数？
9. 如把标签文字放在按钮上显示，如何修改？
10. 试设计用触摸屏监控电动机正反转。
11. 试给指示灯增加标签文字。

任务2 "触摸屏+三菱FX5U PLC" 工业以太网监控工程

任务目标

（1）掌握触摸屏与三菱FX5U PLC以太网通信参数设置及方法；
（2）能使用MCGSPro软件完成人机界面组态；
（3）能完成PLC程序编写与下载调试。

任务描述

FX5U与触摸屏通过工业以太网通信，控制一台电动机正反转运行，触摸屏上设置Y0、Y1指示灯显示电动机正转和反转状态；通过正转按钮M110的按下与抬起功能，控制电动机的Y0正转运行与停止；通过反转按钮M120的按下与抬起功能，控制电动机的Y1反转运行与停止；若按下过载测试按钮M111，电动机能暂停运行，复位后继续运行。若按下停止按钮M130，电动机停止运行，复位后，系统可以重新开始运行。

任务训练

1 系统及电路设计

三菱FX5U系列PLC（见图2-28）自带RJ-45网络接口，可直接与触摸屏的RJ-45网络接口连接。触摸屏带有三菱FX5U以太网驱动程序，可控制PLC运行，连接如图2-29所示。

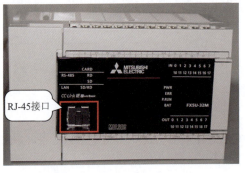

图 2-28　三菱 FX5U 系列 PLC

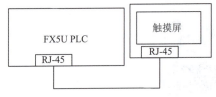

图 2-29　通信控制系统方案连接

电动机正反转控制系统的电路图分为主电路图和PLC控制电路图，主电路图如图2-30所示，PLC控制电路图如图2-31所示。

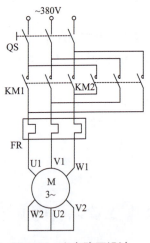

图 2-30　主电路图设计

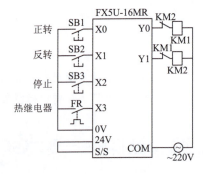

图 2-31　PLC 控制电路图设计

2 触摸屏组态设计

（1）建立组态工程

在MCGS Pro软件中新建工程："触摸屏与三菱FX5U PLC以太网通信监控"。

（2）组态设计

① 在实时数据库窗口建立组态控制系统的变量对应关系，如图2-32所示。

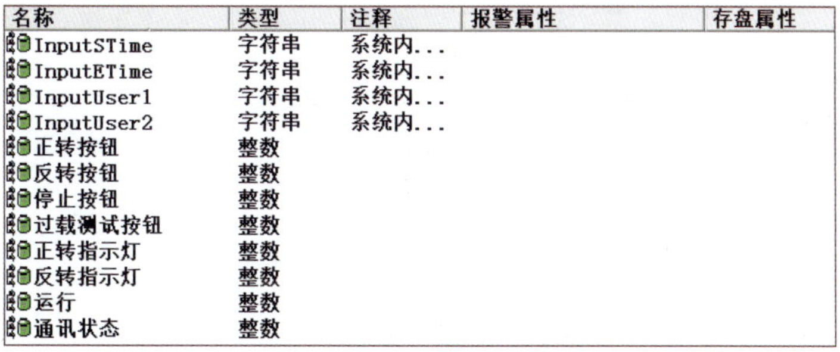

图 2-32　实时数据库窗口

② 建立触摸屏与PLC的通信连接。

步骤1：进入"设备窗口"，如图2-33所示。控制系统的IP地址分配设计：触摸屏地址192.168.3.190，PLC地址192.168.3.250，PC地址192.168.3.30。

设备名称	IP地址
触摸屏	192.168.3.190
PLC	192.168.3.250
PC	192.168.3.30

图 2-33　设备窗口及 IP 地址

步骤2：鼠标双击设备窗口，单击工具栏中的"设备管理"按钮，打开"设备工具箱"对话框，在PLC设备中增加三菱"FX5-ETHERNET"设备，返回设备窗口，在设备工具箱中选择"通用TCP/IP父设备"和"FX5-ETHERNET"，依次添加至设备组态窗口中，如图2-34所示。

步骤3：双击"通用串口父设备"，按顺序先后修改本地IP地址（触摸屏地址）192.168.3.190和远程IP地址（PLC地址）192.168.3.250，如图2-35所示。

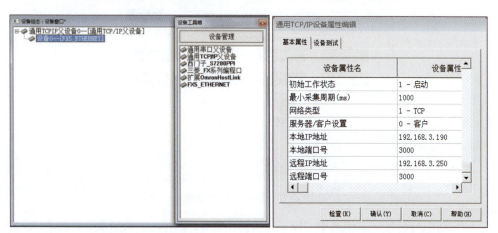

图 2-34　串口设备连接　　　　　图 2-35　父设备设置

步骤4：双击"设备0"子设备，进入"设备编辑窗口"，单击"增加设备通道"按钮，在打开的对话框中选择通道类型、通道地址和通道个数，按照需要的数据类型添加并单击"确认"按钮，如图2-36所示。

图 2-36　设备通道连接

在"设备窗口"中，按照图2-37所示内容增加设备通道，并关联对应的数据对象。

索引	连接变量	通道名称	通道处理	地址偏移	采集频次	信息备注
0000		通讯状态	通讯状态		1	
0001	正转指示灯	读写Y0000			1	
0002	反转指示灯	读写Y0001			1	
0003	正转按钮	读写M0110			1	
0004	过载测试按钮	读写M0111			1	
0005	反转按钮	读写M0120			1	
0006	停止按钮	读写M0130			1	

图 2-37　通道数据对象关联

（3）用户窗口组态

在"用户窗口"新建一个窗口，完成组态界面设计，组态界面效果参考图2-38所示。

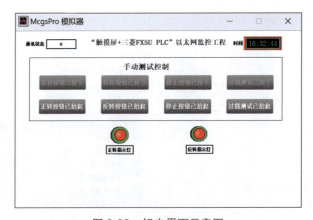

图 2-38　组态界面示意图

在"用户窗口"，左键选中"窗口"按钮，右击，在弹出的快捷菜单中选择"设置为启动窗口"命令,如图2-39所示。

双击打开用户窗口,组态界面中的标题文字"三菱FX5U PLC以太网通信监控"由"标签构件"A完成。

组态界面中的测试控制框中,正转按钮已抬起、正转按钮已按下由"标准按钮构件"⏎完成,正转按钮已抬起的操作属性如图2-40所示。为了防止抬起和按下按钮误操作,必须对正转按钮已抬起的安全属性进行设置,即当正转按钮已抬起触发后,表达式非0构件失效,失效样式为变灰不可用,如图2-41所示。

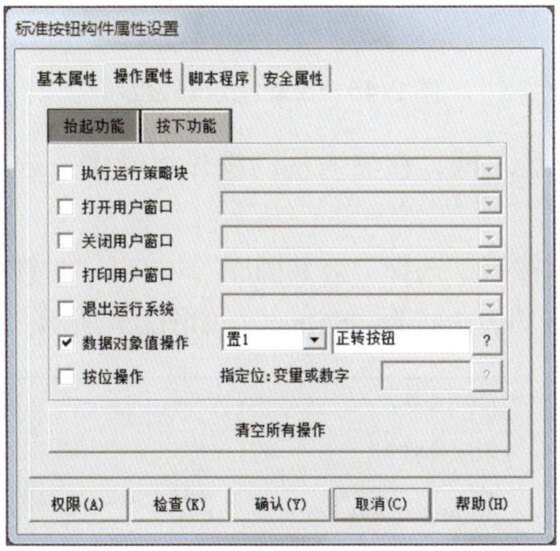

图2-39 设置为启动窗口

图2-40 正转按钮已抬起的操作属性

图2-41 正转按钮已抬起的安全属性

正转按钮已按下参照正转按钮已抬起功能进行设置,操作属性如图2-42所示,安全属性如图2-43所示。测试控制框中的其他按钮均参照正转按钮进行设置。

图2-42 正转按钮已按下的操作属性

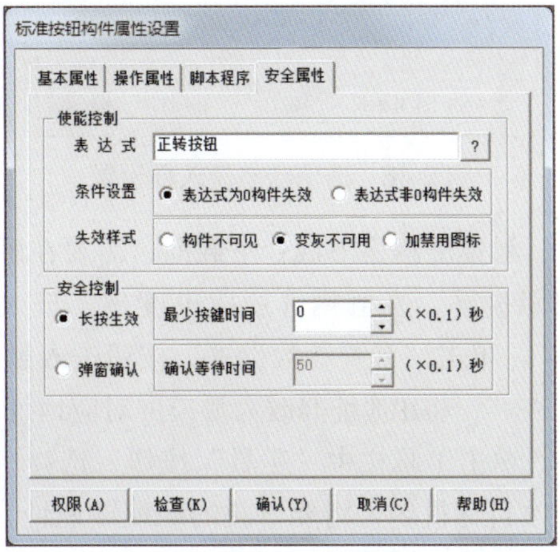

图2-43 正转按钮已按下的安全属性

指示灯设定:在工具箱中单击"插入元件"按钮,选择"公共图库",单击"指示灯",选择"指示灯3"。正转指示灯连接"正转指示灯"变量,如图2-44所示。反转指示灯连接"反转指示灯"变量,如图2-45所示。

图 2-44　正转指示灯设置

图 2-45　反转指示灯设置

通信状态输入框设置：选择工具箱中的输入框,在输入框的操作属性中,连接"通信状态"变量,如图2-46所示。

时间显示：在工具箱中单击"插入元件"按钮,选择"公共图库",单击"时钟",选择"时钟5",单击"确认"按钮。时钟5连接的表达式为"$Time",如图2-47所示。

图 2-46　通信状态输入框设置

图 2-47　时钟5连接表达式设置

触摸屏程序下载：下载前,需要在触摸屏中设置对应的IP地址。具体步骤为：重启触摸屏,在触摸屏读取进度条,进入运行环境之前,单击触摸屏进入"启动属性",单击"系统参数设置"按钮进入触摸屏系统。选择"网络"选项卡,网卡选择"LAN",将IP地址修改为触摸屏对应地址192.168.3.190,如图2-48所示。

单击工具栏中"工具"按钮,选择"下载配置",连接方式选择"TCP/IP网络",修改目标机名为将要下载的触摸屏地址,单击"连机运行"按钮,单击"工程下载"按钮即可,如图2-49所示。

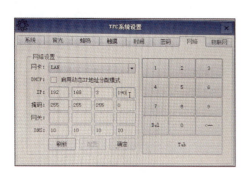

图 2-48　系统网络参数 IP 设置

图 2-49　工程下载

素材

FX5U控制正反转运行无虚拟运行工程样例

3　PLC参数设置

打开三菱FX5U PLC编程软件GX Work3，新建工程，选择对应的PLC型号，如图2-50所示。

图 2-50　新建工程并选择 PLC

在编程主界面中，可以直接绘制梯形图程序，如图2-51所示。

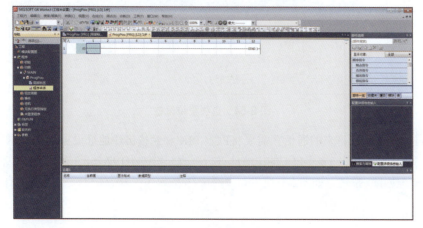

图 2-51　程序输入界面

编写完成后需要编译和转换程序，单击菜单中的"转换"按钮，或者按【F4】快捷键，如图2-52所示。

程序完成后，需要修改PLC的参数，在左侧导航栏选项中，单击"参数"选项，选择"FX5UCPU"→"CPU参数"选项，进行组态，如图2-53所示。

图 2-52　程序编译和转换

图 2-53　CPU 参数设置

根据工艺的要求更改启动条件，"远程复位"设置为"允许"，如图2-54所示。

图 2-54　远程复位设置

同时为了方便将来的通信，需要将PC、PLC和触摸屏IP地址设置到同一网段内。更改"以太网端口"，要将PLC的IP地址进行更改，修改为192.168.3.250。更改完毕后要单击"应用"按钮，如图2-55所示。

图 2-55 PLC 的 IP 地址修改

在"基本设置"菜单下的"对象设备连接配置设置"里增加一个SLMP设备,并且更改端口号为4999,如图2-56所示,单击菜单栏"反映设置并关闭"按钮退出。退出后,单击"应用"按钮。

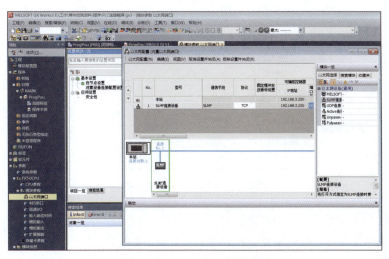

图 2-56 增加 SLMP 设备

插上网线,将PC与FX5U PLC连接起来,把PC的IP地址设为192.168.3.30,与FX5U PLC在同一网段,如图2-57所示。

图 2-57 PC IP 地址修改

单击"在线"菜单,选择"当前连接目标"选项,单击"PLC模块直接连接设置",以太网适配器选择计算机网卡,IP地址自动显示为"192.168.3.30",如图2-58所示,单击"是"按钮退出。

单击"在线"菜单,选择"写入至可编程控制器"选项,弹出下载框,全选下载项并执行,程序将被下载到FX5U系列PLC中,如图2-59所示。

图 2-58　PLC 模块直接连接设置

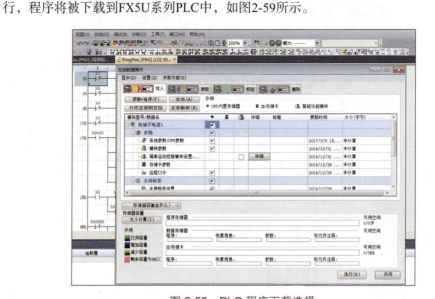

图 2-59　PLC 程序下载选择

4 PLC编程

PLC与触摸屏进行数据交互,控制的变量对应关系见表2-3。

表 2-3　TPC 与 PLC 变量对应关系

TPC变量	正转按钮	反转按钮	停止按钮	过载测试	正转显示	反转显示
PLC变量	M110	M120	M130	M111	Y0	Y1

PLC程序功能为正反转手动运行测试,PLC的手动运行测试程序参考图2-60所示。

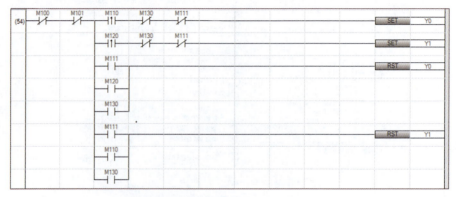

图 2-60　手动运行测试参考程序

5 运行调试

（1）FX5U PLC与触摸屏的连接调试

通过标准的网络通信线（直通线）将PLC和触摸屏的网口进行连接。将PLC左侧的状态开关拨至RUN，如图2-61所示，并重新上电。以太网通信建立连接，需要等待一段时间，待SD/RD指示灯快速闪烁表示连接完成，如图2-62所示。按下触摸屏对应按键，PLC对应指示灯有显示，调试成功。

图 2-61　RUN 运行

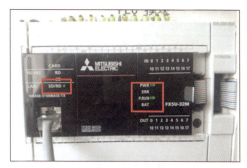

图 2-62　指示灯显示

（2）系统联机运行调试

系统运行调试可在触摸屏上进行控制，当按下"正转按钮已抬起"按键，可以测试电动机正转控制能否正常启动，如图2-63所示。当按下"正转按钮已按下"按键，可以测试电动机正转控制能否正常停止。当按下"反转按钮已抬起"按键，电动机可以实现反转运行，反转运行显示如图2-64所示。

图 2-63　正转运行测试显示　　　　图 2-64　反转运行测试显示

调试并记录功能测试表见表2-4。

表 2-4　功能测试表

操作步骤	观察项目					通信状态
	正转指示灯	反转指示灯	正转按钮	反转按钮	过载按钮	停止按钮	
	Y0	Y1	M110	M120	M111	M130	
按下正转按钮已抬起							
按下正转按钮已按下							
按下反转按钮已抬起							

续表

操作步骤	观察项目						通信状态
	正转指示灯 Y0	反转指示灯 Y1	正转按钮 M110	反转按钮 M120	过载按钮 M111	停止按钮 M130	
按下反转按钮已按下							
按下过载测试已抬起							
按下过载测试已按下							
按下停止按钮已抬起							
按下停止按钮已按下							

6 评价

根据评分表2-5对任务完成情况做出评价。

表2-5 评分表

任务	评分表 _____学年 训练内容	工作形式 □个人 □小组分工 □小组 训练要求	工作时间/min _____ 学生自评	教师评分
"触摸屏+三菱FX5U PLC" 工业以太网监控工程	1. 工作步骤及电路图样,20分	训练步骤；电路图；PLC程序清单		
	2. 通信功能及通信连接,20分	通信状态显示；触摸屏与PLC监控		
	3. 工程组态及组态界面制作,20分	设备组态；窗口组态；脚本程序		
	4. 测试与功能；整个装置全面检测,30分	标准按钮功能；动画按钮功能；指示灯功能；标签显示框功能；输入框功能		
	5. 职业素养与安全意识,10分	现场安全保护；工具、器材、导线等处理操作符合职业要求；有分工有合作，配合紧密；遵守纪律，保持工位整洁		

学生：_____ 教师：_____ 日期：_____

练习与提高

1. 尝试编写图2-65所示的程序，并下载到FX5U系列PLC中，同时编写包含M0辅助继电器和Y0~Y4输出继电器的触摸屏组态画面。在触摸屏中，设置运行按钮M0，控制PLC程序运行，通过指示灯查看Y0~Y4输出变化，并通过显示框显示计数器C0的数值。

2. 如果触摸屏的IP地址已知为200.200.200.190，在不改变触摸屏IP地址的情况下，请修改PLC及PC的IP设置，使系统能正常下载程序和通信运行。

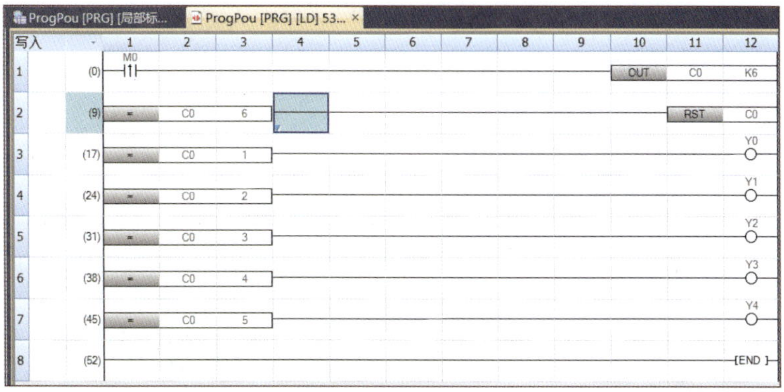

图 2-65　程序图

任务3 "触摸屏+三菱FX系列PLC"编程口监控工程

🐼 任务目标

（1）了解三菱PLC编程口通信参数及编程口与触摸屏RS-232接口连接方法；
（2）掌握设备组态、窗口组态、模拟调试和联机调试方法；
（3）能通过触摸屏操控三菱PLC输出点及读写内部数据器。

🐼 任务描述

三台电动机M1、M2、M3顺序控制。按下SB1，M1电动机启动，延时5 s后，M2电动机启动，M2启动后，按SB2三次后，M3电动机启动；按下SB3后电动机全部停止。系统由TPC7072Gi/Gt、FX3U、串口通信线、24 V开关电源等组成。

🐼 任务训练

视觉美观：界面设计的颜色搭配，工业设计感，如能详细描述配色的准则更好；操作友好：是否能够适应使用人员的操作习惯，布局清晰易用；功能完善：是否充分利用了各种标准的功能，能否对其他入门者起到指导作用；标准化：组态界面设计过程标准化、模块化。

1 建立工程

建立"三菱FX控制电动机顺序启动"工程。

2 设备组态

（1）在工作台中激活设备窗口，进入设备组态界面，打开"设备工具箱"。
（2）在设备工具箱中，先后双击"通用串口父设备"和"三菱_FX系列编程口"选项，将其添加至组态界面。提示"是否使用'三菱FX系列'编程口默认通信参数设置串口父设备"，单击"是"按钮后关闭设备窗口，如图2-66所示。

3 用户窗口组态

（1）在工作台中激活用户窗口，单击"新建窗口"按钮，将"窗口名称"修改为"三菱FX控制电动机顺序启动"监控工程后保存。

（2）双击"三菱FX控制电动机顺序启动"工程进入动画组态，打开"工具箱"，组态设计界面如图2-67所示。

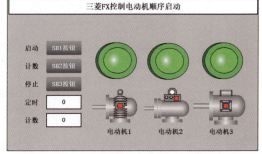

图 2-66 三菱 FX 系列编程口通信参数设置　　　　图 2-67 组态设计界面

4 建立数据连接

TPC与PLC变量对应关系见表2-6，根据变量对应关系进行数据连接。

表 2-6 TPC 与 PLC 变量对应关系

TPC变量	SB1按钮	SB2按钮	SB3按钮	定时输入框	计数输入框	指示灯1 电动机1	指示灯2 电动机2	指示灯3 电动机3
PLC变量	M1	M2	M3	D0	D1	Y1	Y2	Y3

（1）按钮：双击SB1按钮，弹出"标准按钮构件属性设置"对话框，在"基本属性"的文本框中输入"SB1按钮"。将对话框切换到"操作属性"选项卡，选择"数据对象值操作"复选框，选择"按1松0"选项，如图2-68所示，单击"确认"按钮，弹出"变量选择"对话框，选择"根据采集信息生成"单选按钮，通道类型选择"M辅助寄存器"，通道地址为"1"，单击"确认"按钮，如图2-69所示。SB2、SB3按钮参照SB1按钮进行设置，对应的通道地址分别为"2"和"3"。

图 2-68 设置 SB1 按钮属性

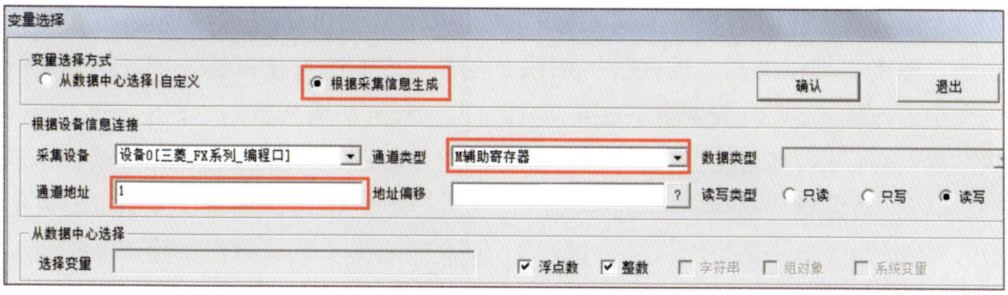

图 2-69 SB1 按钮通道连接

（2）指示灯：在工具箱中选择"插入元件"，在图库列表类型中选择"公共图库"，双击指示灯文件夹，选择"指示灯3"，单击"确定"按钮。双击指示灯，弹出"单元属性设置"对话框，切换到"变量列表"选项卡，单击"@可见度"选项，如图2-70所示。单击 ? 按钮进行变量选择，选择"根据采集信息生成"单选选项，通道类型选择"Y输出寄存器"，通道地址为"1"。单击"确认"按钮，如图2-71所示。指示灯2、指示灯3参照此法进行设置，对应的通道地址分别为"2"和"3"。

图 2-70 指示灯属性设置

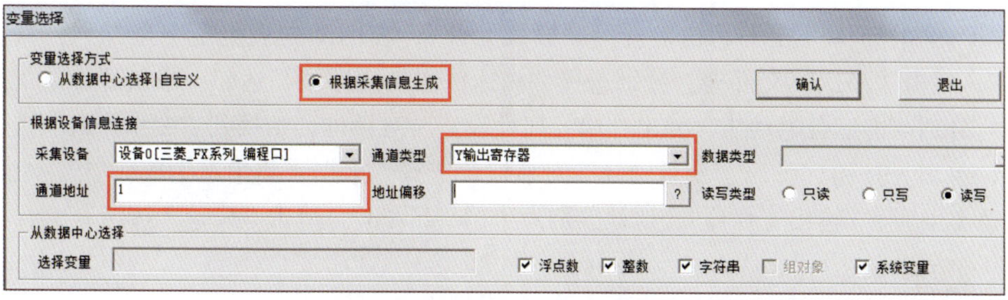

图 2-71 指示灯通道连接

（3）标签：单击工具箱中的"标签"按钮，绘出九个"标签"，参考图2-67所在画面位置。双击该标签，弹出"标签动画组态属性设置"对话框，在"扩展属性"选项卡中"文本内容输入"文本框中分别输入"启动""计数""停止""延时""计数""电动机1""电动机2""电动机3"，分别双击修改属性设置里面的"填充颜色""边线颜色"，均设为"没有填充""没有边线"。

（4）输入框：定时输入框可输入延时时间，单位为100 ms；计数输入框可输入计数次数。单击工具箱中的"输入框"按钮，在窗口界面中按住鼠标左键，拖放出两个一定大小的"输入框"，分别摆放在标签的旁边。双击"输入框"，弹出"输入框构件属性设置"对话框，切换到"操作属性"选项卡，如图2-72所示。单击 ? 按钮，弹出"变量选择"对话框，选择"根据采集信息生成"单选按钮，通道类型为"D数据寄存器"，数据类型为"16位无符号二进制"，通道地址为"0"。单击"确认"按钮，如图2-73所示。输入框2参照此法设置，对应的D数据寄存器通道地址为"1"。

图 2-72 输入框属性设置

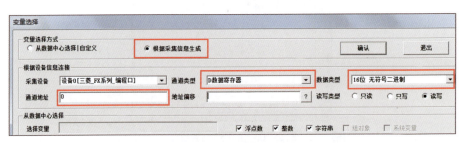

图 2-73 输入框通道连接

（5）电动机：在工具箱中选择"插入元件"，在图库列表类型中选择"公共图库"，双击"马达"文件夹，分别选择"马达1""马达5""马达6"，单击"确认"按钮。分别双击三台电动机，弹出"单元属性设置"对话框，切换到"变量列表"选项卡，单击 ? 按钮，弹出"变量选择"对话框，选择"根据采集信息生成"单选按钮，通道类型为"Y输出寄存器"，地址分别为"1""2""3"，单击"确认"按钮退出。

5 调试与评价

（1）模拟运行完成后下载本工程到触摸屏。
（2）编写PLC程序，并写入PLC。
（3）用SC-09通信线连接PLC编程口和触摸屏的RS-232接口。
（4）联机操作，填写调试表。

TPC加电后，在初始状态时，在输入框输入D0数据为50（定时单位100 ms），D1数据为3（计数值），并且按照表2-7所示完成操作测试功能，并完成评分表，见表2-8。

表 2-7 功能测试表

操作步骤	观察项目						定时D0 输入框	计数D1 输入框
	电动机1		电动机2		电动机3			
	指示灯	Y1	指示灯	Y2	指示灯	Y3		
初始状态	0	0	0	0	0	0	50	3
按下SB1								
等待5 s								
按下SB2 3次								
按下SB3								

表 2-8 评分表

评分表 ＿＿＿＿学年		工作形式 □个人 □小组分工 □小组	工作时间/min ＿＿＿＿	
任务	训练内容及配分	训练要求	学生自评	教师评分
"触摸屏+三菱FX系列PLC"编程口监控工程	1. 工作步骤及电路图样，20分	列写训练步骤，提供PLC程序清单		
	2. 通信连接，20分	TPC与PC通信，网口下载工程		
	3. 工程组态，20分	设备组态，窗口组态参数连接		
	4. 功能测试，30分	按钮功能；指示灯功能；输入框功能		
	5. 职业素养与安全意识，10分	现场安全保护；操作符合职业要求；分工合作，配合紧密；遵守纪律，保持工位整洁		

学生：＿＿＿＿ 教师：＿＿＿＿ 日期：＿＿＿＿

练习与提高

1. 串口父设备的功能是什么？PLC怎样和触摸屏建立通信？
2. 如何查看PLC的通信参数设置？如何设置串口父设备通信参数？
3. 本任务中SB1、SB2、SB3功能由触摸屏实现，许多设备操作需触摸屏和外部按钮控制相结合。

（1）如SB1、SB2、SB3功能由PLC的X1、X2、X3端实现，该如何设计？外部按钮控制有何优点？

（2）如PLC X1、X2、X3和触摸屏SB1、SB2、SB3一样可控制顺序启动停止，该如何设计？

（3）按钮SB1、SB2、SB3变量能否连接PLC输入端X1、X2、X3？

4. 如何观察PLC中D0、D1数据变化？SB1、SB2、SB3的操作属性可设置不同吗？

5. 查看并记录"通用串口父设备"通信参数，在PLC编程软件中查看PLC通信参数。

6. 如要统计本任务启停工作次数，如何改进？如要统计启停一周期工作时间，如何改进？

7. 该任务中各标签的填充色、线色和字符色是如何设置的？试将标签文字直接显示在按钮上。

8. 当触摸屏与PLC通信不上时，如何进行检查？

9. 设计三相异步电动机Y-△启动监控工程。

10. 利用网口下载工程时要点是什么？网口下载有何优点？

11. 设计某通风机运转监控系统，如果三台通风机中有两台工作，信号灯就持续发亮；如果只有一台通风机工作，信号灯就以0.5 Hz频率闪光；如果没有通风机工作，信号灯停止运转。

12. 设计一颗节日礼花弹引爆监控系统，礼花弹用电阻点火引爆器引爆。第1～12颗礼花弹，每颗引爆间隔为1 s，第13～18颗礼花弹，每颗引爆间隔为2 s。

13. 设计四台电动机M1～M4循环工作监控系统，M1的循环动作周期为34 s，M1动作10 s后，M2、M3启动，M1动作15 s后，M4动作，M2、M3、M4的循环动作周期为34s。

任务4　"触摸屏+Q PLC（主）+FX3U PLC（从）CC-Link协议"监控工程

🐼 任务目标

（1）会建立Q00U PLC与两台FX3U PLC的CC-Link通信连接方法；
（2）能实施触摸屏监控画面组态设计；
（3）完成触摸屏和PLC通过CC-Link网络控制电机启动、停止运行调试。

🐼 任务描述

三菱Q00U PLC与两台FX3U PLC进行CC-Link通信，其中一台FX3U控制电动机正反转运行，触摸屏上设置正反转指示灯显示动作状态；另一台FX3U步进电机运行，触摸屏上能输入步进电机的脉冲频率和脉冲数，当按下触摸屏上的启动按钮后，电动机先正转运行，延时10 s后，电动机自动切换到反转运行并保持，同时步进电机开始按照输入的脉冲频率和脉冲数运行，直到停止；在运行过程中，若按下停止按钮，电动机和步进电机均停止运行。三菱Q00U PLC与触摸屏通过串口通信线进行通信连接。

🐼 任务训练

 控制系统设计

（1）方案制订

该任务选择三菱Q00U PLC作为主控制器。选择三菱FX3U-48MT和三菱FX3U-48MR为从站PLC。控制系统结构框图如图2-74所示。

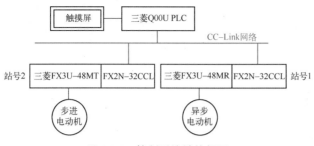

图 2-74 控制系统结构框图

（2）通信模块电路连接设计

先在两台从站FX3U PLC中各插入FX2N-32CCL模块，然后按图2-75所示进行连接，完成Q00U PLC与两台FX3U系列PLC的CC-Link通信连接。

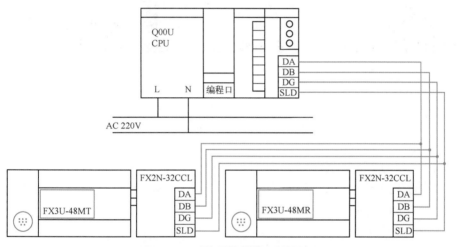

图 2-75 系统网络连接图纸设计

为了提高数据传输的稳定性，增强抗干扰能力，选用带屏蔽层的通信数据线把三个模块的DA、DB、DG、SLD（shiled）连接起来，必要时可以在首尾两个模块的DA、DB之间接入110 Ω电阻。

（3）站号设置

① 主站设置：将Q00U设为主站，主站的CC-Link模块QJ61BT11N，STATION NO. X10挡设为"0"，X1挡设为"0"，MODE挡设为"0"，通信速度为156 kbit/s，拨码设置如图2-76所示。

② 1号从站设置：将FX3U-48MR设为1号从站，该从站的CC-Link模块FX2N-32CCL，STATION NO. X10挡设为"0"，X1挡设为"1"，OCCUPY STATION挡设为"0"，占用1个逻辑站。B BATE设为"0"，通信速度为156 kbit/s，拨码设置如图2-77所示。

③ 2号从站设置：将FX3U-48MT设为2号从站，该从站紧跟1号从站，该从站地址从第"2"个逻辑站开始，该站CC-Link模块FX2N-32CCL的STATION NO. X10挡设为"0"，X1挡设为"2"，OCCUPY STATION挡设为"1"，占用2个逻辑站。B BATE设为"0"，通信速度为156 kbit/s，拨码设置如图2-78所示。

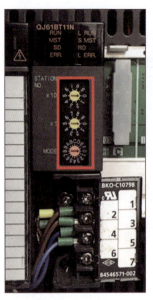 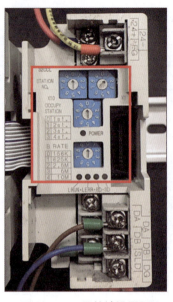 

图 2-76 主站设置图　　图 2-77 1 号从站设置图　　图 2-78 2 号从站设置图

▶ 触摸屏组态设计

三菱Q系列PLC与三菱FX系列PLC的CC-Link协议通信监控系统的组态界面参考图2-79所示。

（1）系统的变量配置

整个控制系统的变量对应关系，如图2-80所示。本次任务中，除了"通信状态"，变量的连接方法均采用"根据采集信息生成"的方式。

（2）设备窗口组态

在MCGSPro软件中新建工程，HMI配置选择"TPC7022Nt/Ni（800×480）"，在工作台中单击设备窗口。双击设备窗口进入，在设备工具箱中，按先后顺序双击"通用串口父设备"和"三菱_Q系列编程口"添加至组态画面，如图2-81所示。分别双击打开"通用串口父设备"和"三菱_Q系列编程口"进行设置，设置完成后关闭设备窗口，返回工作台。

素材

Q00U PLC（主）+FX3U PLC（从）CC-Link协议监控工程样例

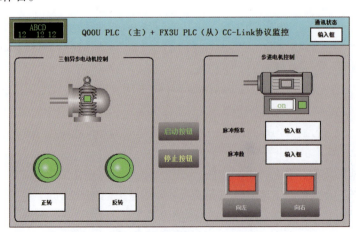

图 2-79 系统组态界面示意图

图 2-80　实时数据库变量

图 2-81　设备窗口数据连接设置

（3）用户窗口组态

在"用户窗口"中新建窗口，双击"窗口0"进入设计界面，单击工具箱中的"标签构件" A 按钮完成"Q00U PLC（主）+FX3U PLC（从）CC-Link协议监控"标题文字的输入。控制系统中有启动按钮和停止按钮，启动和停止两个按钮分别控制整个系统的运行和停止，启动按钮、停止按钮由"标准按钮构件"设置，按钮的操作属性为"数据对象值操作"，选择"按1松0"模式，采用"根据采集信息生成"的方式进行数据连接，关联的数据如图2-82所示。

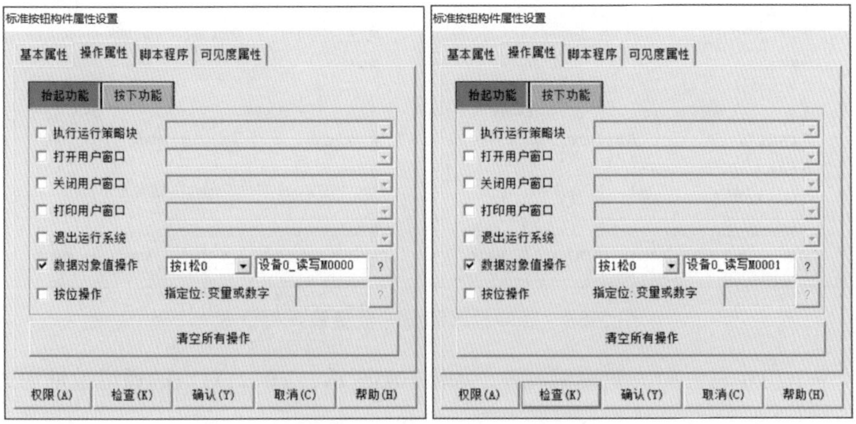

图 2-82　启动、停止按钮设置

（4）电动机控制组态

正转、反转电动机通过工具箱中插入元件，选择公共图库中的马达1。正转、反转指示灯选择公共图库中的指示灯3。正转指示灯可见度的数据对象关联Y0100，由于Y输出寄存器是八进制形式的，Y0100对应的通道地址必须选择256。反转指示灯参照正转指示灯进行设置，通道地址为257，正转和反转指示灯可见度的数据对象连接如图2-83所示。

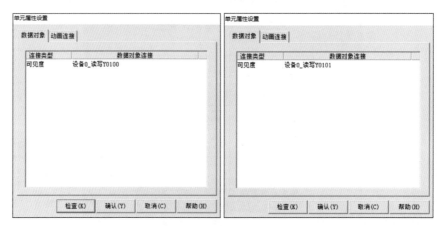

图 2-83　正转、反转指示灯设置

（5）步进电机控制组态

步进电机的脉冲频率输入框用来设置PLC输出的脉冲频率值，控制步进电机的转速。脉冲总数输入框用来设置PLC输出的脉冲量，控制步进电机旋转距离。脉冲频率输入框、脉冲数输入框由"输入框构件" abl 来完成。脉冲频率和脉冲数的输入框均采用"根据采集信息生成"的方式进行数据连接，如图2-84所示。

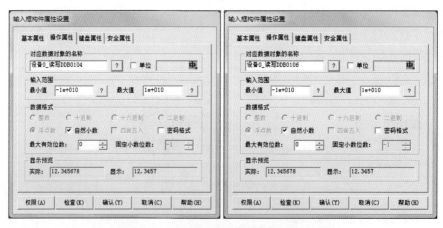

图 2-84　脉冲频率和脉冲数量输入框设置

步进电机左右方向改变按钮设置，如图2-85所示，Y0121对应的通道地址为289。

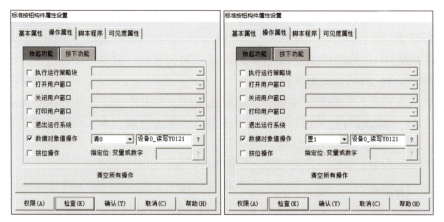

图 2-85　步进电机左右方向改变按钮设置

步进电机左右方向指示灯显示设置选择两个 ▭ 矩形，叠加组成一个指示灯，中间一个矩形增加填充颜色的功能，表达式的值分别为：方向信号Y0121置1和清0，具体设置过程参照图2-86所示。

图 2-86　步进电机左右方向指示灯显示设置

3　PLC通信参数设置

根据任务要求及上述的方案设计，Q PLC与FX3U PLC的参数和程序设置如下：

硬件接线和拨码设置完成后，需要打开GX Developer软件，选择网络参数菜单栏，进入CC-Link网络，进行网络参数配置，打开方式如图2-87所示。

在CC-Link模块的参数设置中，需要设置以下数据：

① 设置"远程输入（RX）"刷新软元件。本次任务中设置为X100，表示：主站通过自己的X100软元件刷新，采集从站传

图 2-87　选择 CC-Link 参数设置

送过来的开关量信号。主站的内存地址分配可以查看表2-9。X100软元件名称可以修改为：X、M、L、B、D、W、R或ZR开头的软元件。

② 设置"远程输出（RY）"刷新软元件。本次任务中设置为Y100，表示：主站通过自己的Y100软元件刷新，把开关量信号输出给从站。Y100软元件名称可以修改

为：Y、M、L、B、T、C、ST、D、W、R或ZR开头的软元件。

③ 设置"远程寄存器（RWr）"刷新软元件。本次任务中设置为D100，表示：主站通过寄存器D100读取从站传送过来的数据。D100软元件名称可以修改为：M、L、B、D、W、R或ZR开头的软元件。

④ 设置"远程寄存器（RWw）"刷新软元件。本任务中设置为D200，表示：主站通过寄存器D200写给从站数据。D200软元件名称可以修改为：M、L、B、T、C、ST、D、W、R或ZR开头的软元件。

CC-Link参数设置中，还需要对站信息进行设置，如图2-88所示。

图2-88　CC-Link参数设置

在图2-89中，把两台从站类型设置为：远程设备站，1号站占有站数为1站，32点；2号站占有站数为2站，64点。

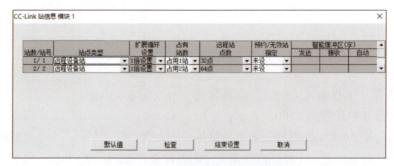

图2-89　CC-Link站信息设置

经过以上步骤，主站和两远程I/O站间的通信缓冲区（BFM）就已经配置好了，见表2-9。

表 2-9　主站的通信地址分配表

类　　型	Q00U主站		MR从站1#	MT从站2#
主站通过自己的X100软元件刷新，采集从站传送过来的开关量信号	X100-X10F	X110-X11F	TO指令	—
	X120-X12F	X130-X13F	—	TO指令
	X140-X14F	X150-X15F	—	TO指令
主站通过自己的Y100软元件刷新，把开关量信号输出给从站	Y100-Y10F	Y110-Y11F	FROM指令	—
	Y120-Y12F	Y130-Y13F	—	FROM指令
	Y140-Y14F	Y150-Y15F	—	FROM指令
主站通过寄存器D100读取从站传送过来的数据	D100-D103		TO指令	—
	D104-D111		—	TO指令
主站通过寄存器D200写从站数据	D200-D203		FROM指令	—
	D204-D211		—	FROM指令

　　CC-Link的底层通信协议遵循RS-485，通信时，一般主要采用广播-轮询的方式进行通信，CC-Link也支持主站与本地站、智能设备站之间的瞬间通信。

 PLC程序编写

PLC编程时，按照表2-10所示的触摸屏变量的对应关系。

表 2-10　触摸屏与 PLC 变量对应关系

触摸屏变量	急停按钮	启停按钮	步进电机启停	方向	脉冲频率	脉冲数	电动机正转	电动机反转
Q PLC变量	M0	M1	Y120	Y121	D204	D206	Y100	Y101
FX3U-48MR变量							Y0	Y1
FX3U-48MT变量			Y0	Y2	D104	D106		

　　在CC-Link网络通信中，采用（D）FROM和（D）TO指令进行数据的传送。

　　FROM指令将单元号为m1的特殊功能单元模块中的缓冲存储器（BFM）m2开始的 n 个16位数据读取到可编程控制器对应的D.开始的 n 个数据寄存器中，如图2-90所示。

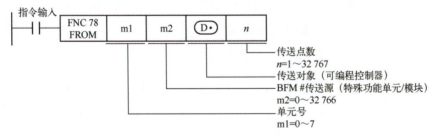

图 2-90　FROM 指令介绍

　　TO指令将可编程控制器对应的S.开始的 n 个数据寄存器中的数据写入到单元号为m1的特殊功能单元模块中以缓冲存储器（BFM）m2开始的 n 个数据单元中，如图2-91所示。

　　主站Q00U PLC程序的编写：为了控制站号2从站远程信号Y120启动，传送脉冲频率值K1800到站号2从站D204，如图2-92所示。

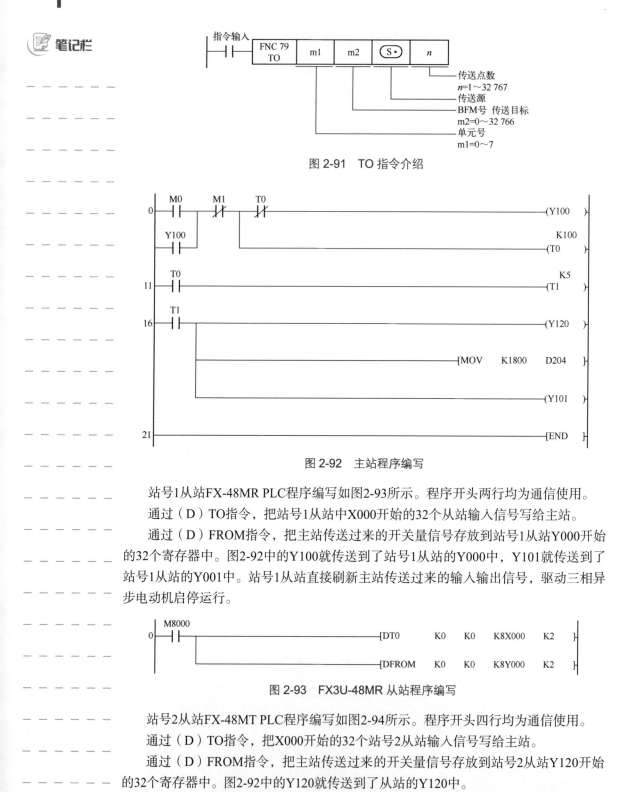

图 2-91 TO 指令介绍

图 2-92 主站程序编写

站号1从站FX-48MR PLC程序编写如图2-93所示。程序开头两行均为通信使用。

通过（D）TO指令，把站号1从站中X000开始的32个从站输入信号写给主站。

通过（D）FROM指令，把主站传送过来的开关量信号存放到站号1从站Y000开始的32个寄存器中。图2-92中的Y100就传送到了站号1从站的Y000中，Y101就传送到了站号1从站的Y001中。站号1从站直接刷新主站传送过来的输入输出信号，驱动三相异步电动机启停运行。

图 2-93　FX3U-48MR 从站程序编写

站号2从站FX-48MT PLC程序编写如图2-94所示。程序开头四行均为通信使用。

通过（D）TO指令，把X000开始的32个站号2从站输入信号写给主站。

通过（D）FROM指令，把主站传送过来的开关量信号存放到站号2从站Y120开始的32个寄存器中。图2-92中的Y120就传送到了从站的Y120中。

通过（D）TO指令，站号2从站把D204开始的2个寄存器内数值传送给主站。

通过（D）FROM指令，把主站传送过来的数值量信号存放到站号2从站D104开始的两个数据寄存器中。图2-92中的K1800数值就传送到了站号2从站的D104中。

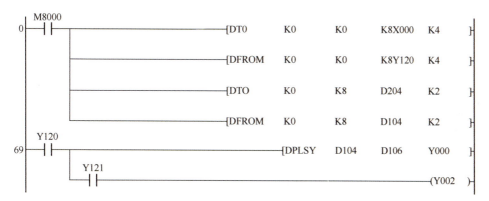

图 2-94 FX3U-48MT 从站程序编写

5 运行调试

运行调试时,填写功能测试表,见表2-11。

表 2-11 功能测试表

操作步骤	观察项目				
	电动机正转	电动机反转	脉冲频率输入框	脉冲数输入框	步进电机方向
	Y0	Y1	D120	D106	Y2
初始状态					
输入脉冲频率					
输入脉冲总数					
按下启动按钮					
10 s后					
按下停止按钮					

6 评价

运行调试结束后,填写评分表,见表2-12。

表 2-12 评分表

任务	评分表 _____学年	工作形式 □个人□小组分工□小组	工作时间/min	
	训练内容	训练要求	学生自评	教师评分
"触摸屏+Q PLC（主）+FX3U PLC（从）CC-Link协议"监控工程	1. 工作步骤及电路图样,20分	训练步骤;电路图;PLC程序清单		
	2. 通信连接及通讯功能,20分	触摸屏与Q PLC通信;CC-Link网络通信		
	3. 工程组态,组态界面制作,20分	设备组态;窗口组态		
	4. 测试与功能,整个装置全面检测,30分	按钮功能;指示灯功能;输入框功能		
	5. 职业素养与安全意识,10分	现场安全保护;工具、器材、导线等处理操作符合职业要求;有分工有合作,配合紧密;遵守纪律,保持工位整洁		

学生:_____ 教师:_____ 日期:_____

练习与提高

1. 工程中如果CC-Link网络通信出错了，如何通过指示灯检查排除？
2. 如果要调整步进电机的运行频率2 000 Hz，怎样进行步进电机的参数设置和修改？
3. 若系统运行时，步进电机的运行频率输入框改为运行速度输入框，速度单位是r/min，触摸屏上输入框的数据如何处理？

▶ 任务5　倒计时组态监控工程

🐼 任务目标

（1）能够设计具有倒计时显示功能的触摸屏界面；
（2）掌握触摸屏输入框事件脚本编写的方法；
（3）掌握触摸屏、PLC分别控制倒计时的两种方法。

🐼 任务描述

有名同学需要开发倒计时装置，可利用触摸屏界面显示倒计时。当按下计时开始按钮，倒计时数据从设定时间开始以秒递减；当按下停止按钮时，倒计时显示保持当前数据；再次按下计时开始按钮，则从当前值继续，直至数据为零。可添加复位按钮，按下后，倒计时数据显示为设定值。

触摸屏可视化操作界面与PLC的紧密结合，利用PLC定时器启动、停止及定时器当前值等操作，也可实现PLC控制的倒计时运行功能。

🐼 任务训练

首先设定倒计时时间，按分和秒两个单位输入，通过倒计时运行显示框显示计时时间，通过倒计时开始和倒计时停止按钮控制计时器启停，新建"倒计时显示"工程及用户窗口。在"实时数据库"窗口要增加数值型变量："倒计时时间值"、"时"、"分"和"秒"。在用户窗口中构造循环脚本程序，将PLC数据寄存器中倒计时的实时时间值分解成对应的时、分、秒的数值，再利用MCGS嵌入版系统内部字符串操作函数!str(x)，将数值型数据对象"时""分""秒"的值转换成字符串，并构成"时∶分∶秒"的形式在界面中显示出来。画面组态分为建立画面、编辑画面和动画连接三个步骤。运用系统提供的标签构件及标准按钮构件，在完成相应的编辑、设备连接操作后，创建的"倒计时显示"触摸屏画面设计如图2-95所示。

该任务既能用触摸屏脚本控制运行，也可用PLC程序实现，通过动画按钮进行功能切换。完成组态界面设计后，连接PLC，测试倒计时运行效果。

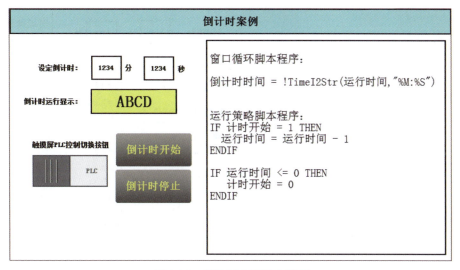

笔记栏

视频

竞赛倒计时

图 2-95 倒计时工程组态界面

1 实时数据库组态

在“实时数据库”窗口中新建变量，变量名称和类型如图2-96所示，倒计时时间为字符串类型变量，其余数据为整数类型变量。

名称	类型	注释	报警属性
倒计时时间	字符串		
计时开始	整数		
运行时间	整数		
触摸屏与PLC控制程序切换	整数		
通讯	整数		
时	整数		
分	整数		
秒	整数		
设定时间	整数		

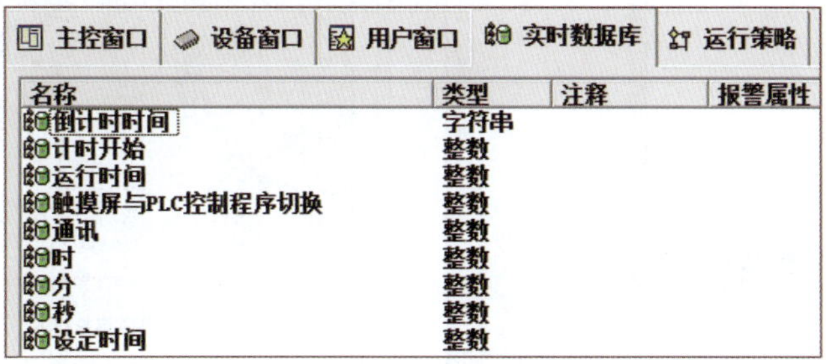

图 2-96 实时数据库定义变量

2 用户窗口组态

（1）设定倒计时组态

从工具箱中选择两个“输入框”，一个为分钟输入框，一个为秒钟输入框。对应数据对象分别为“分”和“秒”，输入范围0～60，分钟输入框设置如图2-97所示。

以分钟输入框为例：右击“分钟输入框”，在弹出的快捷菜单中选择“事件”命令，如图2-98所示。选择Change进行脚本程序设计，即根据输入框输入数据变化运行该脚本程序，如图2-99所示。在弹出的“事件参数连接组态”对话框中，单击“事件连接脚本”按钮，如图2-100所示。继续在弹出的脚本程序框中输入两行事件脚本程序：

```
设定时间=(时*3600)+(分*60)+秒
运行时间=设定时间
```

图 2-97 分钟输入框设置

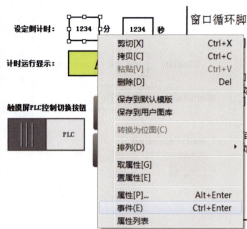

图 2-98 分钟输入框事件设置

图 2-99 输入框 Change 脚本选择

图 2-100 事件连接脚本

关闭程序输入框，并单击"确认"按钮退出。"秒钟输入框"参照以上步骤设置。

（2）倒计时运行显示框设置

在工具箱中选择标签，打开"标签属性"，在输入输出连接中，切换到"显示输出"选项卡。显示输出关联变量"倒计时时间"，显示类型为"字符串输出"，如图2-101所示。

（3）倒计时开始和停止按钮设置

倒计时开始按钮选择标准按钮，操作属性选择"计时开始""置1"，如图2-102所示。倒计时停止按钮参照倒计时开始按钮设置，操作属性选择"计时开始""清0"。倒计时开始和停止按钮的安全属性设置参考图2-103和图2-104所示，通过0、1两种状态下，按钮构件的失效，可以实现倒计时开始和停止按钮的切换使用。

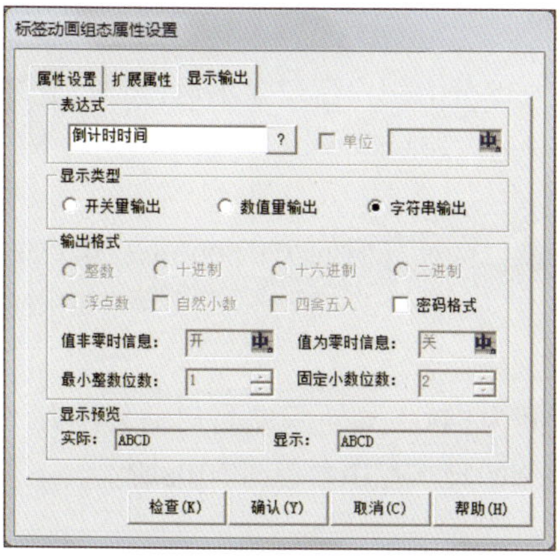

图 2-101　倒计时运行显示框设置

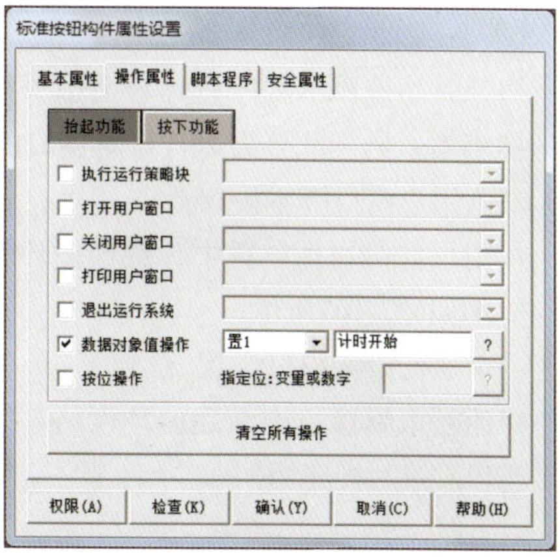

图 2-102　倒计时开始按钮设置

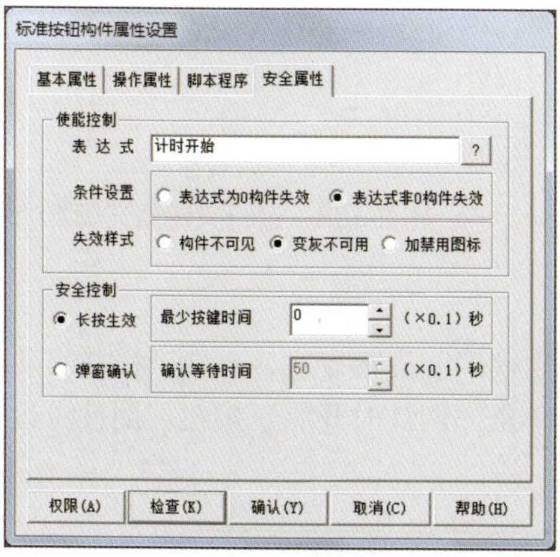

图 2-103　倒计时开始安全属性设置

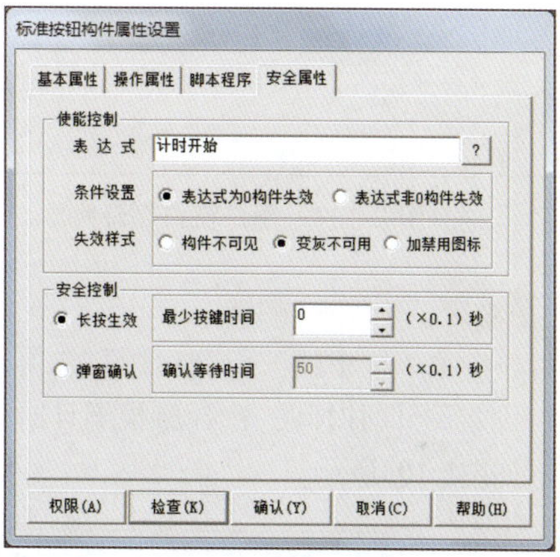

图 2-104　倒计时停止安全属性设置

（4）触摸屏PLC控制切换按钮设置

在工具箱中选择动画按钮，在基本属性中，对0、1分段点进行文字内容设置，如图2-105所示。在变量属性中，对"触摸屏与PLC控制程序切换"按钮进行布尔操作，如图2-106所示。

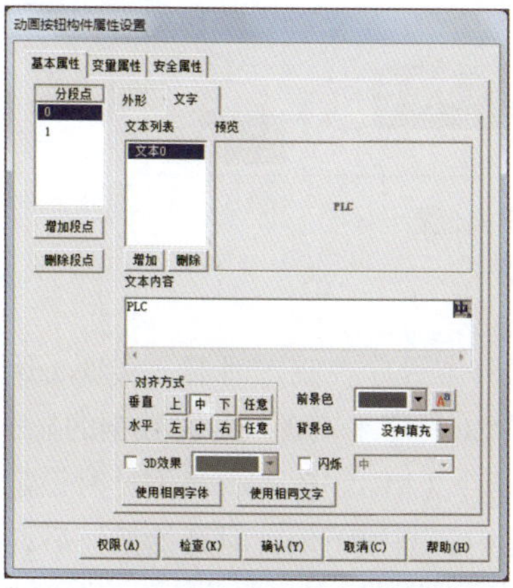

图 2-105　动画按钮文字设置

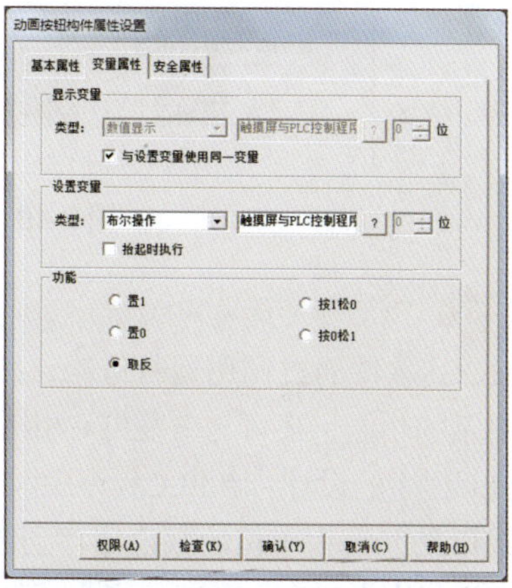

图 2-106　动画按钮变量设置

3 脚本程序设计

倒计时功能脚本程序设计分两部分完成：一部分为用户窗口显示运行时间字符串的转换脚本；另一部分为运行策略窗口的倒计时运行控制脚本。

（1）用户窗口脚本设置

在用户窗口属性设置中，选择循环脚本，窗口的循环时间为1 000 ms，用户窗口循环脚本如图2-107所示。

（2）运行策略窗口设置

在运行策略窗口中新建循环策略，循环时间为1 000 ms，策略行启动条件为"触摸屏与PLC控制程序切换"，条件非零。运行控制的脚本程序参考图2-108所示。

图 2-107　用户窗口循环脚本　　　　图 2-108　运行策略循环脚本

4 模拟运行测试

单击菜单栏中的"下载运行"选项，选择"模拟"运行方式，下载工程并启动运行，设定倒计时时间，选择触摸屏计时模式，单击"倒计时开始"按钮。倒计时运行显示如图2-109所示。

素材

倒计时控制
系统–触摸屏
+PLC工程
样例

图 2-109　倒计时模拟运行

5 PLC倒计时程序设计

MCGS软件通过调用运行策略，按条件运行脚本程序控制定时器，实现了倒计时数据显示的功能。还可与三菱PLC相结合，借助PLC程序来实现倒计时数据的显示。

PLC程序的设计：在PLC程序中，利用运算指令（MUL指令），将倒计时设定时间转换成以100 ms为单位的数值储存到数据寄存器中，当按下倒计时开始按钮后，运用特殊辅助继电器M8012及减法指令（SUB指令）控制该数据寄存器的值以每秒递减10。

在PLC中，利用计时开始信号M1的触发信号，把设定时间D600中以1 s为单位的时间数值转换成以100 ms为单位的时间数值。

当M1触发后，倒计时开始运行，通过M8120的100 ms震荡时钟，对转换的时间数值进行减法运算，并通过除法指令把100 ms为单位的当前运行的时间数值转换成以1 s为单位的新的时间数值。

通过比较指令，当倒计时时间等于0时，对倒计时开始运行的M1信号进行复位，倒计时功能可以重新开始。PLC倒计时运行程序参考图2-110所示。

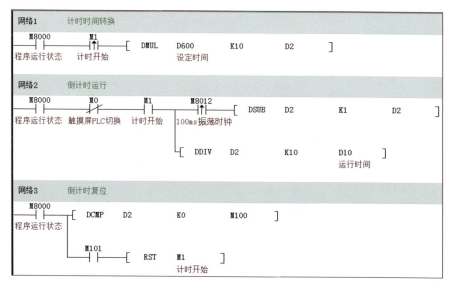

图 2-110　PLC 倒计时运行参考程序

 评价

根据运行情况，完成评价和评分，见表2-13。

表 2-13　评分表

任务	评分表_____学年	工作形式 □个人 □小组分工 □小组	工作时间/min_____	
	训练内容	训练要求	学生自评	教师评分
倒计时组态监控工程	1. 倒计时系统数据建立，10分	实时数据库里的数据名称建立正确，5分； 数据类型设置正确，5分		
	2. 倒计时系统用户窗口设计，40分	倒计时系统组态画面设置正确，10分； 组态数据库数据连接设置正确，10分； 输入框事件设置，20分		
	3. 脚本程序编写与调试，20分	用户窗口脚本程序编写正确，10分； 运行策略脚本程序编写正确，10分		
	4. PLC程序编写与调试，20分	PLC程序编写正确，10分； PLC与触摸屏联机运行调试正确，10分		
	5. 职业素养与操作规范，10分	工作过程及实验实训操作符合职业要求，5分； 遵守劳动纪律，安全操作，保持工位整洁，5分		

学生：_____　教师：_____　日期：_____

练习与提高

1. 若用户需要在触摸屏中实现100 ms级的倒计时,请完成触摸屏程序的设计与修改。
2. 在PLC程序中,采用1 s的震荡时钟,程序如何设计和修改?
3. 在触摸屏中,用户窗口和循环策略的循环时间分别改成100 ms会有什么变化?
4. 倒计时应用场景有哪些?触摸屏和PLC控制倒计时应用场景有什么不同?

任务6 "触摸屏+Modbus协议"温湿度传感器的阿里云平台监控

任务目标

(1)能建立触摸屏与温湿度传感器的RS-485接口通信、Modbus协议及指令读取温湿度值;
(2)掌握触摸屏监控画面组态设计及触摸屏上传数据的方法;
(3)掌握触摸屏、阿里云平台及传感器的集成方法和方案。

任务描述

合理的温湿度环境能够为人们提供舒适的生活和工作条件,也有利于人们的身体健康。本任务开发一种针对住宅环境的温湿度在线监控系统,通过在家庭住宅中部署温湿度传感器和MCGS联网触摸屏,将温湿度数值上传至阿里云端服务器,实现本地及远程实时监控和数据采集。在检测温湿度异常情况下,还以多种形式的报警通知家人,使环境监控达到无人智能化。

任务训练

本系统由网络型温湿度变送器、物联网触摸屏、阿里云系统软件组成。采用分布式智能网络型监控系统,被监控的点位可根据需要扩展硬件种类(如增加CO_2、煤气、烟感等传感器),增加监控点数量,利用物联网触摸屏采集监控点位数据并上传至阿里云端,系统方案设计如图2-111所示。

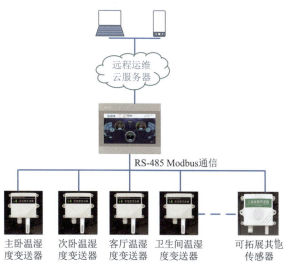

（a）控制系统方案

（b）MCGS监视画面

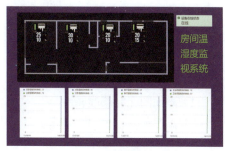

（c）云端监视画面

图 2-111　系统方案设计

系统可组成1～200路的温湿度监控系统，RS-485总线传输距离小于1 200 m，采用双绞线。系统组成明细见表2-14。

表 2-14　系统组成明细

名　称	组　成	参　数	用　途
MCGS联网触摸屏	必选	（1）供电：12～24 V DC （2）带Wi-Fi无线通信功能 （3）带RS-485通信口	（1）通过RS-485通信采集传感器信息 （2）通过Wi-Fi网络传输传感器信息
威盟士温湿度变送器 （VMS-3002-WS-N01）	必选	（1）供电：12～24 V DC （2）量程：温度为-20～+60℃ 湿度为0～100%RH （3）带RS-485通信口（标准Modbus协议）	（1）采集环境温湿度 （2）通过RS-485总线上传温湿度信息给触摸屏
计算机	可选	满足上网连接阿里云服务器	设置编辑云端参数

触摸屏与温湿度传感器通过RS-485接口进行连接，连接导线为带屏蔽的双绞线。触摸屏采用Modbus读寄存器指令，读取温湿度传感器的温湿度值。触摸屏采用Modbus写寄存器指令，修改温湿度传感器的参数。触摸屏读到温湿度传感器数据后，

通过内置Wi-Fi或4G无线模块把读到的数据无线上传到阿里云平台。在阿里云平台端通过Iot-studio编辑显示界面，然后发布网页，即可实现远程监控温湿度传感器。

2 窗口组态

（1）新建用户窗口

选中"窗口0"，单击右边"窗口属性"按钮，进入"用户窗口属性设置"对话框，将窗口名称和窗口标题改为："温湿度监视"，单击"确认"按钮，如图2-112所示。

图 2-112 窗口属性设置

（2）添加图元并修改属性

打开温湿度监视窗口，单击工具栏中"工具箱"按钮，打开系统工具箱。单击"插入矩形框"按钮，在矩形框中插入标签、动画显示，插入报警浏览，插入查看实时曲线及历史曲线按钮。为了使图元在界面中显示美观大方，可对文字显示颜色和大小等进行调整。选中"温度值"文字框，单击工具条中的"填充色"按钮，设定文字框的背景颜色与矩形框颜色一致；单击工具条中的"线色"按钮，改变文字框的边线颜色；单击工具条中的"字符字体"按钮，改变文字字体和大小。单击工具条中的"字符色"按钮，改变文字颜色。采用同样的方法，可对其他文字标注进行修改。完成后效果如图2-113所示。

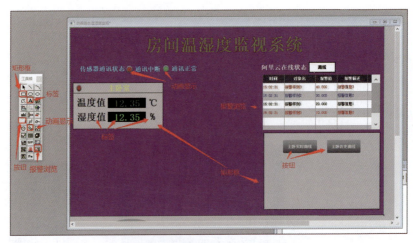

图 2-113 添加图元并修改属性

(3) 通过复制方式完善图元

本任务同时检测的是主卧、次卧、客厅、卫生间,监视布局按照主卧的框架来布局,则可以选中主卧的布局方式进行复制,后续单独对每个布局进行属性修改,即可实现整个房间的温湿度监视显示,同理,按钮显示实时曲线及历史曲线也进行复制,最后效果如图2-114所示。

图2-114 复制图元后完整监视画面

(4) 新建实时曲线及历史曲线窗口

在工作台中单击"新建窗口"按钮,建立每个房间的实时曲线及历史曲线显示窗口,如图2-115所示。

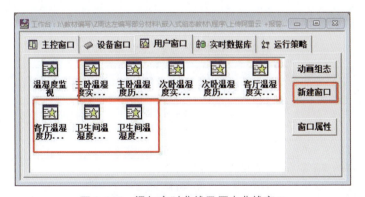

图2-115 添加实时曲线及历史曲线窗口

建好窗口后,在实时曲线窗口中单击☑按钮添加实时曲线,在历史曲线窗口中单击☑按钮添加历史曲线,如图2-116所示。

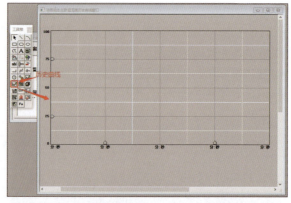

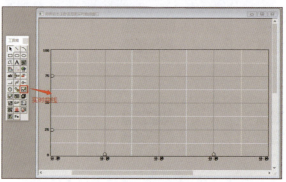

图 2-116　窗口中添加实时曲线及历史曲线

（5）定义变量数据

为了能够实时显示数据，存储数据并转发数据，需要在实时数据库中添加变量。本任务一共添加11个数据对象：8个浮点数（每个房间的温湿度值）、1个组对象（各个房间历史数据值）、1个字符串（阿里云设备名称）、1个整数（阿里云通信状态），定义数据对象见表2-15。

表 2-15　温湿度监控定义的数据对象

序号	对象名称	对象类型	对象注释（不影响运行效果，可不输入）
1	主卧温度实际值	浮点数	用来存储主卧温度值
2	主卧湿度实际值	浮点数	用来存储主卧湿度值
3	次卧温度实际值	浮点数	用来存储次卧温度值
4	次卧湿度实际值	浮点数	用来存储次卧湿度值
5	客厅温度实际值	浮点数	用来存储客厅温度值
6	客厅湿度实际值	浮点数	用来存储客厅湿度值
7	卫生间温度实际值	浮点数	用来存储卫生间温度值
8	卫生间湿度实际值	浮点数	用来存储卫生间湿度值
9	温度湿度历史数据	组对象	用于历史数据、历史曲线、报表输出等功能构件
10	阿里云设备名称	字符串	用于命名阿里云端设备名称
11	阿里云通信状态	整数	用于读取阿里云通信状态

新建数据对象的步骤是在工作台中，切换到"实时数据库"选项卡，单击"新增对象"按钮后，双击新增对象，弹出"数据对象属性设置"对话框，按照表2-15修改

"对象名称"和"对象类型"即可。

若批量添加多个数据对象,可单击"成组增加"按钮,弹出"成组增加数据对象"对话框,对增加的个数进行设置。例如,"增加的个数"改为10即可一次增加10个数据对象,然后同样按照表2-15修改"对象名称"和"对象类型"即可完成数据对象的添加。

本任务监视过程中,如果温度湿度超出范围则需要报警,在定义数据过程中,需要把报警范围设定好,以主卧温度报警设置为例,选择主卧温度实际值变量,单击"对象属性"按钮,在弹出的对话框中切换到"报警属性"选项卡,在下面空白处右击,在弹出的快捷菜单中选择"追加弹出新增报警属性设置"命令,在"报警参数"选项区域中选择"报警类型",选择"值>","基准值"填入35,表示温度大于35℃时报警,同理右击,在追加温度低于0℃时报警。其他报警属性按照示例操作即可。操作过程如图2-117所示。

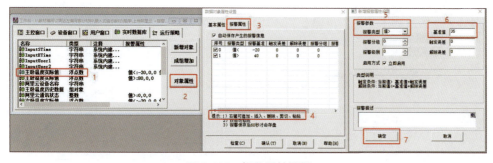

图2-117 报警属性设置

定义组对象类型数据对象与其他类型数据对象有所不同。在"温度湿度历史数据"的"数据对象属性设置"对话框中,切换到"存盘属性"选项卡,"存盘方式"选项区域中选择"定时存储到磁盘(永久存储)"单选按钮,"存盘参数"选项区域中"存储周期"设为"10×0.1秒";切换到"组对象成员"选项卡,将左边"数据对象列表"中的"主卧温度实际值""主卧湿度实际值""次卧温度实际值""次卧湿度实际值""客厅温度实际值""卫生间温度实际值""卫生间湿度实际值""客厅湿度实际值"增加到右边"组对象成员列表"中,如图2-118所示。

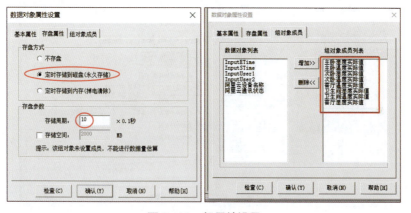

图2-118 组属性设置

笔记栏

视频
变量关联设置

（6）温湿度监视窗口数据关联设置

窗口及变量定义好后，要进行数据关联设置，以主卧温度值为例，双击温度值显示标签，在弹出的对话框中切换到"显示输出"选项卡，在"表达式"选项区域中单击?按钮，弹出"变量选择"对话框，选中"主卧温度实际值"变量，显示类型根据变量类型选择，这里选择数值量输出，输出格式选择"浮点数"单选按钮，最大有效值填入4。其他数据关联与示例相似。操作如图2-119所示。

图 2-119　数据关联设置

（7）温湿度监视窗口与子窗口关联设置

显示其他房间的温湿度实时曲线及历史曲线需要在新的窗口中显示，需要通过主窗口的按钮连接来调用子窗口实现，以调用主卧实时数据曲线为例，双击"主卧实时曲线"按钮，弹出"标准按钮构建属性设置"对话框，在"操作属性"中单击"抬起功能"，在其下面选择"打开用户窗口"复选框，右边选择"主卧实时曲线"，设置完毕单击"确认"按钮，完成设置，设置流程如图2-120所示。

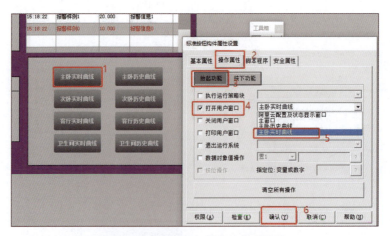

图 2-120　主窗口与子窗口关联设置

(8)温湿度监视窗口传感器通信状态动画设置

在温湿度监视主窗口中,能够实时看到网关与传感器的通信状态,通信没有问题,则显示绿色,中断通信则显示红色。以主卧温度通信状态为示例,双击状态动画灯,弹出"动画显示构建属性设置"对话框,切换到"显示属性"选项卡,"显示变量"类型选择"数值显示",单击 ? 按钮,选择对应的主卧温度实际值,"切换方式"选择"根据变量值切换"单选按钮,单击"确认"按钮,完成设置。其他房间设置参照示例。设置过程如图2-121所示。

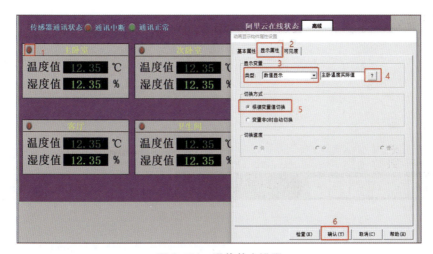

图 2-121　通信状态设置

(9)子窗口实时曲线设置

对子窗口的实时曲线进行配置,可以查看到温湿度变化曲线。以主卧实时曲线为例,双击"主卧实时曲线"窗口中的"实时曲线构件",弹出"实时曲线构建属性设置"对话框,"基本属性"默认值即可,"标注属性"可以标注X、Y轴的颜色属性、标注间隔、时间格式、时间单位、轴长度等,"画笔属性"中,曲线1选择"主卧温度实际值",曲线2选择"主卧湿度实际值",同时可以标注其颜色及线型,"可见度"属性默认设置。设置过程如图2-122所示。

实时曲线历史曲线设置

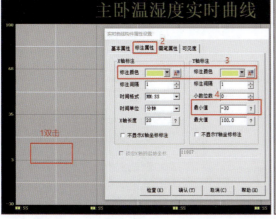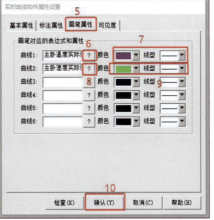

图 2-122　实时曲线设置

（10）子窗口历史曲线设置

对子窗口的历史曲线进行配置，可以查看到温湿度变化历史曲线。以主卧历史曲线为例，双击主卧历史曲线窗口中的历史曲线构件，弹出"历史曲线构建属性设置"对话框，"基本属性"默认值即可，"数据来源"选择"温度湿度历史数据"，"标注设置"为默认值，"曲线设置"中单击曲线1，"曲线内容"选择"主卧温度实际值"，"工程单位"为℃；曲线2选择曲线内容为"主卧湿度实际值"，"工程单位"为%。设置过程如图2-123所示。

图 2-123　历史曲线设置

3 设备组态

（1）串口RS-485Modbus设置

MCGS网关通过RS-485总线Modbus协议来读取温湿度传感器，因此，需要对串口Modbus进行配置。在工作台单击进入"设备窗口"，单击"设备管理"，添加"通用串口父设备"，双击"通用串口父设备"，弹出"通用串口父设备属性编辑"对话框，"最小采集周期"设置为1 s一次，"串口端口号"选择1-COM2，"通信波特率"选择5-4800，"数据位位数"选择1-8位，"停止位位数"选择0-1位，"数据校验方式"选择0-无校验，如图2-124所示。

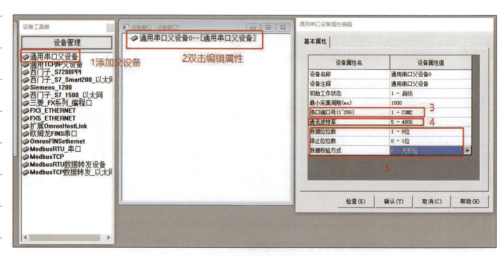

图 2-124　添加串口父设备

父设备添加完毕后，添加子设备，本任务一共4个房间，添加4个子设备，对每个子设备进行属性设置，以主卧为例，双击子设备0，弹出"设备编辑窗口"对话框，设备名称修改为主卧传感器，设备地址修改为1，添加设备通道，通道类型为4区输出寄存器，数据类型为16位有符号二进制，通道地址为1，通道个数为1，连接变量主卧温度实际值，地址偏移不用填，通道处理选择"5工程转换"，转换参数输入最小值0，输入最大值99999，工程最小值0，工程最大值9999.9，单击"确认"按钮，设置完毕。同理添加湿度通道。其他房间设置方法相同，不同的是设备地址不同。设置过程如图2-125所示。

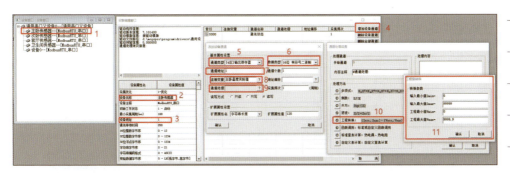

图 2-125 Modbus 子设备设置

（2）阿里云设备管理

MCGS读到传感器数据后，需要上传到阿里云端，因此，需要配置阿里云设备。设备工具箱默认没有阿里云驱动，需要手动添加阿里云驱动，过程如图2-126所示。

图 2-126 添加阿里云驱动

双击"阿里云驱动"，弹出"设备编辑窗口"对话框，打开"阿里云驱动"窗口，如图2-127所示，在"阿里云驱动"窗口中设置阿里云驱动，在账号访问中分别填入之前下载的AccessKey、AccessSecret，实例ID和产品域名在实例中右上角查看开发配置中。选择"自动上报属性"复选框，选择"改变时上报"或"周期性上报"单选按钮，本任务选择"改变时上报"；在产品名称中输入产品名称，在变量窗口中选择需要上传的变量，单击"确定"按钮，选择设定好的变量自动添加到产品编辑区域中，标识符不能含有中文字符或空字符,如果为中文或者空字符,需要手动设置标识符为英文,如图2-128所示,上述设置完成后,单击"同步"按钮,显示同步完成,单击"确定"按钮退出返回到设备编辑窗口。在设备编辑窗口中,对DeviceName进行连接变量,连接到阿里云设备名称变量。

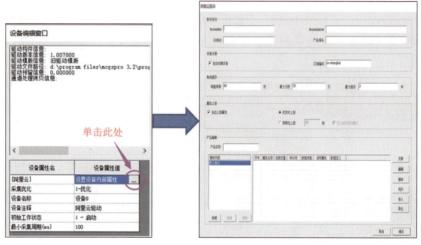

图 2-127　进入阿里云驱动设置

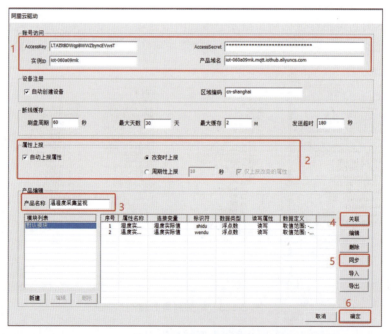

图 2-128　阿里云驱动配置

▶ 4　IOT-Studio云组态

IOT-Studio云组态,完成数据可视化编程分为Web应用编程、移动应用编程、业务逻辑编程,本任务以Web编程为示例进行编程,其分为新建项目、产品关联、界面组态、外网发布四个步骤。

（1）新建项目

打开阿里云物联网平台，单击"项目管理"→"新建项目"选项，新建项目中，可以选择空白项目，也可以从阿里云推荐的解决方案中选择。此处选择新建空白项目，如图2-129所示。

图 2-129　新建项目

（2）产品关联

单击"产品关联"，选择产品，单击"确认"按钮，这里注意，要选择关联其下所有设备，单击"确认"按钮，产品关联成功，如图2-130所示。

图 2-130　产品关联

（3）界面组态

打开"Web可视化开发"，新建Web应用，如图2-131所示。

图 2-131　新建 Web 应用

进行组态画面编辑，单击"组件模块"，拖动文字组件到编辑界面，如图2-132所示，界面编辑好后，进行数据源配置，如图2-133所示，然后预览编辑界面是否符合设计要求，符合要求则保存，然后发布。

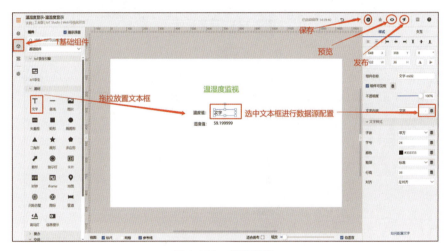

图 2-132　界面编辑

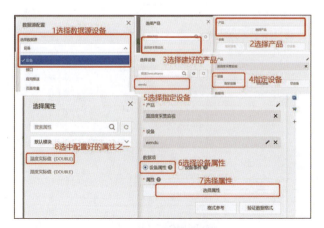

图 2-133　数据源配置

（4）发布

进行Web发布，出现"发布应用"版本内容对话框，如果有则填写，没有直接单击"确定"按钮，发布成功，如果需要进行外网发布，则需要先申请域名，然后在进行发布，如图2-134所示。

图 2-134　Web 发布

阿里云端发布成品图如图2-135所示。

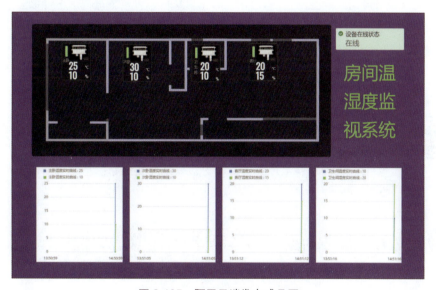

图 2-135　阿里云端发布成品图

5 运行调试

运行调试，填写功能测试表，见表2-16。

表 2-16　功能测试表

操作步骤	观察项目			
	温度显示	湿度显示	阿里云端温度显示	阿里云端湿度显示
触摸屏上电				

评价

评分表见表2-17。

表2-17 评分表

评分表 _____学年		工作形式 □个人 □小组分工 □小组		工作时间/min _____
任务	训练内容	训练要求	学生自评	教师评分
"触摸屏+Modbus协议"温湿度传感器的阿里云平台监控	1. 工作步骤及电路图样，20分	训练步骤；电路图；传感器连接方式		
	2. 通信连接及通信功能实现，20分	触摸屏与传感器通信；触摸屏与阿里云的通信		
	3. 工程组态、阿里云端组态及组态界面制作，20分	设备组态；窗口界面设计；数据配置上传；阿里云端组态运行		
	4. 测试与功能、整个系统全面检测，30分	按钮功能；标签显示功能；输入框功能		
	5. 职业素养与安全意识，10分	现场安全保护；工具、器材、导线等处理操作符合职业要求；有分工有合作，配合紧密；遵守纪律，保持工位整洁		

学生：_____ 教师：_____ 日期：_____

练习与提高

1. 工程中触摸屏与传感器通信，如何测试是否正常工作？
2. 若通信时，读到的传感器数据有两位小数位，数据如何处理？
3. 在温度和湿度异常情况下，如何设置报警信息通过短信方式发送给业主？

任务7 "触摸屏+三菱FX5U PLC"数字孪生工程

任务目标

（1）能使用MCGS Pro软件完成复杂人机界面设计；
（2）能使用MCGS Pro软件完成脚本程序编写；
（3）能完成触摸屏虚拟仿真设计，并能通过PLC控制电动机实现数字孪生。

任务描述

触摸屏与FX5U PLC使用以太网通信，控制电动机实现正反转运行，触摸屏设计有自动控制、测试控制、主电路、PLC控制电路和PLC程序界面。

在测试控制界面中，设置运行指示灯、正转指示灯和反转指示灯，显示电动机动作状态，可以手动测试电动机正转、反转和过载运行状态。

在自动控制界面中，设置"延时时间"输入框，设置"触摸屏控制"与"PLC控制"、"自动"与"测试"、"启动"与"停止"三组按钮，实现对应功能切换。

在自动控制时，首先设定电动机正转运行的延时时间。当运行按钮切换到"启动"后，电动机先正转运行，经过设定的延时时间后，自动停止正转，并切换到反转运行；若再次按下运行按钮，切换到"停止"，则电动机停止运行。

主电路界面、PLC控制电路界面和PLC程序界面根据电动机运行状态做出对应的动画显示。

任务训练

1 系统设计电路设计

三菱FX5U系列PLC与触摸屏进行网络连接，控制电动机正反转的连接电路，参考本项目2任务2"触摸屏+三菱FX5U PLC"工业以太网监控工程。

2 触摸屏组态

（1）建立组态工程

在"MCGS组态环境"软件中新建工程："触摸屏+三菱FX5U PLC"数字孪生工程。

（2）组态设计

① 在"实时数据库"窗口建立组态控制系统的变量对应关系，如图2-136所示。

图2-136 实时数据库窗口

② 在设备窗口中，按照图2-137所示内容增加设备通道，并关联对应的数据对象。

由于触摸屏上设定的延时时间单位为s，PLC运行的延时时间单位为100 ms，因此，关联"延时时间设定"的通道中，需要进行通道处理，该通道处理方法为延时时间的工程转换，工程转换的设定如图2-138所示。

图2-137 通道数据对象关联

图2-138 工程转换设定

延时时间设定工程转换

（3）用户窗口组态

在"用户窗口"新建一个窗口，分步骤完成组态界面设计，组态界面效果参考图2-139所示。

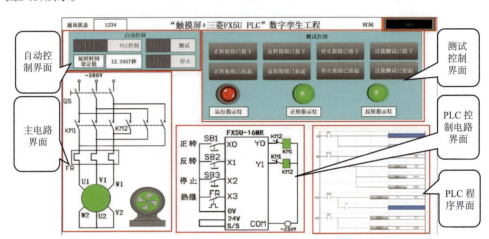

图 2-139 组态界面示意图

① 在"用户窗口"中新建窗口，并右击该窗口，在弹出的快捷菜单中选择"设置为启动窗口"命令。双击打开用户窗口，组态界面中的标题文字"触摸屏+三菱FX5U PLC"数字孪生工程由"标签构件"A 完成。

通讯状态：在绘图工具箱中选择"输入框构件" abl 构件，双击"输入框构件"属性设置，操作属性的对应数据对象名称选择"通讯状态"，如图2-140所示。

时间：在绘图工具箱中选择"插入元件"，图库列表选择"公共图库"，在公共图库中选择"时钟5"，如图2-141所示。

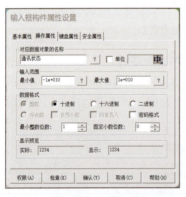

图 2-140 通讯状态属性设置

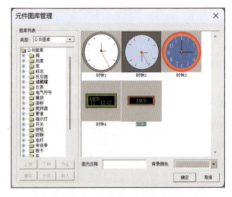

图 2-141 时间模块选择

② 在测试控制界面中，正转、反转、过载、停止等测试按钮及正转、反转指示灯设置请参照项本目2中任务2来实施。运行指示灯关联实时数据库中的"运行"数据。

③ 在自动控制界面中，"PLC控制"与"触摸屏控制"切换按钮由"动画按钮构件" 完成，在动画按钮构件的基本属性中，对分段点0和1的文本列表进行设置，分段点为0时，文本内容为"PLC控制"，分段点为1时，文本内容为"触摸屏控制"，如图2-142和图2-143所示。

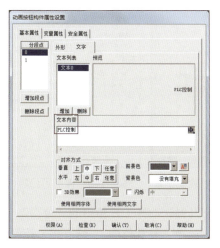
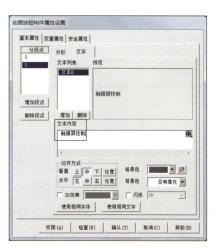

图 2-142　分段点 0 文本设置　　　图 2-143　分段点 1 文本设置

PLC控制与触摸屏控制切换按钮的变量属性中，选择"控制程序切换按钮"数据，变量的功能为"取反"功能，如图2-144所示。"自动"与"测试"按钮、"启动"与"停止"按钮均参照设置。

在自动控制界面中，延时时间设定值数据寄存器采用"输入框构件" 完成。在输入框的操作属性中，对应数据对象为"延时时间设定"，如图2-145所示。若有需要，还可以设置延时时间的输入范围。

④ 在主电路界面中，选择工具箱中的"位图"，在工程界面中选择合适位置放置，右击位图，在弹出的快捷菜单中选择"装载位图"命令，选择主电路图进行装载，如图2-146所示。

图 2-144　控制程序切换按钮设置　　图 2-145　延时时间设定设置　　图 2-146　装载位图

选择工具箱中的椭圆，椭圆放置于主电路图的电动机M上，设置椭圆的动画组态属性，基本属性设置参考图2-147，填充颜色选择：绿色，特殊动画连接选择：可见度和闪烁效果，闪烁效果设置如图2-148所示，表达式选择"$Second"。可见度设置如图2-149所示，表达式连接"运行"数据。

在主电路界面中，选择工具箱中的"插入元件"，选择"公共图库"，选择"泵30"，泵30的单元属性设置如图2-150所示，表达式连接"运行"数据。

图 2-147　椭圆基本属性设置　　图 2-148　椭圆闪烁效果设置　　图 2-149　椭圆可见度设置

素材
PLC控制
电路图

⑤ PLC控制电路界面参照主电路界面进行设置，选择工具箱中的"位图"，在工程界面中选择合适位置放置，右键点击位图，选择"装载位图"，选择PLC控制电路图进行装载。选择工具箱中的矩形，放置于PLC控制电路图的KM1和KM2线圈上，设置KM1线圈矩形的动画组态属性设置参考图2-147，填充颜色选择：绿色，特殊动画连接选择：可见度和闪烁效果，闪烁效果设置如图2-151所示，表达式选择"正转指示灯"。可见度设置中，表达式连接"正转指示灯"数据。KM2线圈矩形参照KM1线圈矩形进行设置，闪烁效果和可见度表达式均连接"反转指示灯"，如图2-152所示。

图 2-150　泵30单元属性设置　　图 2-151　KM1 线圈闪烁效果设置　图 2-152　KM2 线圈闪烁效果设置

素材
PLC程序图

⑥ PLC程序界面参照PLC控制电路界面进行设置，位图装载，选择PLC程序界面图进行装载。SET Y0和SET Y1矩形框的填充颜色选择：蓝色。特殊动画的连接、设置与PLC控制电路界面中一致。

3 触摸屏脚本程序设计

整个工程的运行策略由"测试运行"和"自动运行"两路循环策略来实现，这两部分策略的循环时间都是100 ms，其中测试运行策略行条件属性的表达式为：控制程序切换按钮=1 AND测试和自动模式切换=0，测试运行策略脚本程序如图2-153所示。自动运行策略行条件属性的表达式为：控制程序切换按钮=1 AND测试和自动模式切换=1，自动运行策略脚本程序如图2-154所示。

4 PLC程序编写

PLC与触摸屏进行数据交互，控制的变量对应关系见表2-18。

```
IF 正转按钮=1 AND 反转按钮=0 AND 停止按钮=0 AND
过载测试按钮=0 THEN
    正转指示灯=1
ELSE
    正转指示灯=0
ENDIF
IF 正转按钮=0 AND 反转按钮=1 AND 停止按钮=0 AND
过载测试按钮=0 THEN
    反转指示灯=1
ELSE
    反转指示灯=0
ENDIF
IF 正转指示灯=1 OR 反转指示灯=1 THEN
    运行=1
ELSE
    运行=0
ENDIF
IF 停止按钮=1 THEN
    正转按钮=0
    反转按钮=0
    正转指示灯=0
    反转指示灯=0
    过载测试按钮=0
ENDIF
```

图 2-153　测试运行策略脚本程序

```
IF 自动运行按钮=1 AND !TimerValue(1)<>延时时间
设定 THEN
    运行=1
    正转指示灯=1
    反转指示灯=0
    !TimerSetLimit(1,延时时间设定,1)
    !TimerRun(1)
ENDIF
IF 自动运行按钮=1 AND !TimerValue(1)=延时时间
设定 THEN
    正转指示灯=0
    反转指示灯=1
ENDIF
IF 自动运行按钮=0 THEN
    运行=0
    正转指示灯=0
    反转指示灯=0
    !TimerReset(1,0)
    !TimerStop(1)
ENDIF
```

图 2-154　自动运行策略脚本程序

表 2-18　TPC 与 PLC 变量对应关系

TPC变量	正转按钮	反转按钮	停止按钮	正转显示	反转显示	触摸屏/PLC切换	自动/测试切换	自动启停	延时时间
PLC变量	M110	M120	M130	Y0	Y1	M100	M101	M1	D0

PLC程序分两部分内容，分别实现自动控制运行和手动测试运行，PLC的自动控制运行程序参考图2-155所示，手动测试运行程序参考图2-156所示。

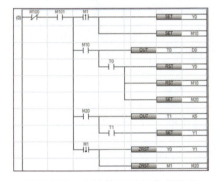

图 2-155　自动控制运行参考程序

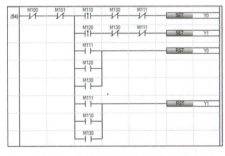

图 2-156　手动测试运行参考程序

5 下载、运行与调试

（1）触摸屏组态下载

整个控制系统的IP地址分配如下：触摸屏地址为192.168.3.190，PLC地址为192.168.3.250，PC地址为192.168.3.30。

触摸屏画面及脚本程序编写完成后，用网线（网络直通线）把PC与触摸屏连接起来。让触摸屏通电，在读取进度条时，点击屏幕进入"启动属性"，单击"系统参数设置"进入触摸屏系统。选择"网络"，网卡选择"LAN"，将IP地址修改为触摸屏对应地址192.168.3.190。

在MCGSPro软件中，单击工具栏中的"工具"，选择"下载配置"，选择TCP/IP网络，将目标机名需修改为要下载的触摸屏地址：192.168.3.190，选择"连机运行"，单击"工程下载"。

（2）PLC程序下载

PLC程序编写完成后，将PLC的IP地址进行更改，修改为192.168.3.250。更改完毕后单击"应用"按钮。再把PC的IP地址设为192.168.3.30，与FX5U PLC在同一网段。

使用网线，将PC与FX5U PLC连接起来，在GX编程软件中单击"在线"，选择"写入至可编程控制器"，弹出下载框，选择"参数+程序"，单击"执行"按钮，将程序下载到FX5U系列PLC中。

（3）FX5U PLC与触摸屏的连接调试

使用网线将PLC和触摸屏的网口进行连接。将PLC左侧的状态开关拨至"RUN"，等待以太网通信连接，若SD/RD指示灯快速闪烁表示连接完成。触摸屏中通信状态为"0"，则调试成功。

（4）系统联机运行调试

系统运行调试分为触摸屏虚拟运行和触摸屏PLC联机运行两种模式，通过"PLC控制"和"触摸屏控制"按钮进行切换，实现数字孪生功能。当选择"触摸屏控制"模式，并选择"测试"功能时，按下"正转按钮已抬起"按键，可以测试电动机正反转系统能否正转启动，如图2-157所示。当选择"触摸屏控制"模式，设定延时时间为5 s，并选择"自动"功能测试时，按下"启动"按键，可以实现电动机正反转控制系统的自动运行测试。自动测试中，反转运行显示如图2-158所示。

图 2-157　手动测试正转运行显示

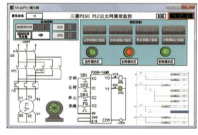

图 2-158　自动测试反转运行显示

6 测试记录

调试时，填写功能测试表，见表2-19。

表2-19　功能测试表

操作步骤	观察项目			通信状态
	正转指示灯 Y0	反转指示灯 Y1	运行延时时间 D0	
选择控制模式				
手动测试正转				
手动测试反转				
自动测试运行				
输入延时设定时间				
单击启动按钮				
单击停止按钮				

7 评价

评分表见表2-20。

表 2-20 评分表

评分表 _____学年		工作形式 □个人 □小组分工 □小组	工作时间/min _____	
任务	训练内容	训练要求	学生自评	教师评分
"触摸屏+三菱FX5U PLC"数字孪生工程	1．工作步骤及电路图样，20分	训练步骤；电路图；PLC程序清单		
	2．通信功能及通信连接，20分	通信状态显示；触摸屏与PLC监控		
	3．工程组态及组态界面制作，20分	设备组态；窗口组态；脚本程序		
	4．测试与功能及整个装置全面检测，30分	标准按钮功能；动画按钮功能；指示灯功能；标签显示框功能；输入框功能		
	5．职业素养与安全意识，10分	现场安全保护；工具、器材、导线等处理操作符合职业要求；有分工有合作，配合紧密；遵守纪律，保持工位整洁		

学生：_____ 教师：_____ 日期：_____

练习与提高

1．在本任务中，若切换控制模式时，定时器的延时时间会变为"0"，若要保持延时时间不为"0"，只修改触摸屏组态程序，该如何设置？若只修改PLC程序，该如何设置？

2．在本任务中，正转、反转、启停和热继电器这四个输入信号，如何添加到PLC程序中，使触摸屏中的按钮和PLC输入端的按钮起到一样的控制效果？请编程调试一下。

3．教材每篇用了以下成语，试选用修身"八德"中之一"德"正确诠释其含义（见表2-21）。

表 2-21 诠释成语含义

成　语	"八德"
天道酬勤，力耕不欺	
和光同尘，与时舒卷	
大道行思，取则行远	
筚路蓝缕，栉风沐雨	
青衿之志，履践致远	

4．为了实现触摸屏与云端服务器连接，请给出具体的步骤。

5．请在私有云上实现该任务。

笔记栏

注释

大道行思，取则行远

出自先秦左丘明《左传》。正道直行，应该善于思考，思考就会有所得，有心得才会越行越远。

践悟

王阳明认为："破山中贼易，破心中贼难"，"坐中静，破焦虑之贼。舍中得，破欲望之贼。事上练，破犹豫之贼。"三贼皆破，则万事可成。"事上练，破犹豫之贼。"告诉我们，在生活中要勤于实践、敢于行动、坚定信念、去除杂念，只有这样，我们才能真正实现知行合一，成就自己的人生。

项目3 水位控制工程

【导航栏】习近平总书记强调，坚持科技是第一生产力，人才是第一资源，创新是第一动力。数字化，正是科教融汇发展职业教育便捷的抓手之一。本项目源于昆仑技创技术培训经典案例，采用最新MCGSPro软件、物联网触摸屏控制方案，创新本地私有云监控及单片机驱动程序开发控制。

水位控制工程来源于企业应用案例，主要功能为通过水泵、调节阀、出水阀实现对水罐液位的调节控制。具体工艺要求为：当"水罐1"的液位达到9m，"水泵"关闭；"水罐1"液位不足9m，"水泵"打开。当"水罐2"的液位不足1m时，关闭"出水阀"，否则打开"出水阀"。当"水罐1"的液位大于1m，同时"水罐2"的液位小于6m时，打开"调节阀"，否则关闭"调节阀"。水位控制工程组态完成后，运行效果如图3-1所示。

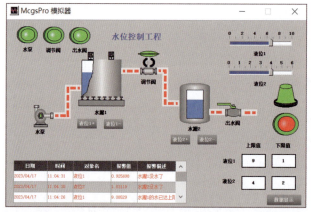

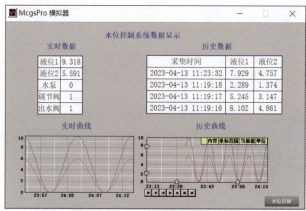

图3-1 水位控制工程组态设计

模块三　熟手篇　大道行思，取则行远　97

本项目分 7 个任务，任务 1 组态设计；任务 2 脚本程序编写与模拟运行；任务 3 PLC 编程与运行；任务 4 报警、报表、曲线与安全机制；任务 5 水位控制工程调试运行；任务 6 本地私有云监控；任务 7 单片机与触摸屏的水位控制工程。

▶ 任务1　组态设计

🐼 任务目标
（1）了解水位控制工程要求；
（2）掌握水位控制工程用户窗口组态设计。

🐼 任务描述
通过控制水泵的启动和停止，实现水罐1自动注水；通过调节阀的开和关，自动调节水灌1的液位高度在合适的位置；调节阀和出水阀共同控制水罐2的液位在合适的位置。完成水位控制工程的工程建立、界面设计、定义数据对象、动画连接等功能。

🐼 任务训练
1 用户窗口组态设计
（1）添加图元

新建"水位控制工程"组态工程，打开水位控制窗口，单击"工具箱"按钮，单击"插入元件"按钮，选择"公共图库"类型，从"储藏罐"中选取水罐，例如选择罐17、罐53，如图3-2所示。

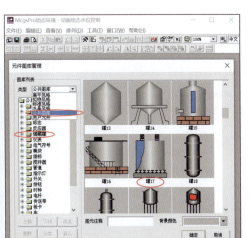

图 3-2　添加图元

同样的方法，从"公共图库"的"阀"和"泵"中选取2个阀（阀44、阀58）、1个泵（泵40）。调整泵和2个阀到窗口合适的位置，如图3-3所示。

（2）绘制流动块

单击工具箱的"流动块"按钮。移动鼠标至窗口的预订位置（鼠标的光标变成

> **笔记栏**
>
> **践悟**
>
> 张栻在《论语解·序》中阐释："始则据其所知而行之，行之力则知愈进，知之深则行愈达，行有始终，必自始以及终。"知行属于同一个认识过程，二者相即不离，行必须以知为指导，而知有赖行而深化，知可促进行，行亦可促进知。

视频 ●
添加图元

十字形状），单击并移动，拖动一定距离后，再次单击，生成一段流动块。若想结束绘制，右击即可。流动块颜色可通过"流动块构件属性设置"进行设置（例如红色），添加流动块后如图3-3所示。

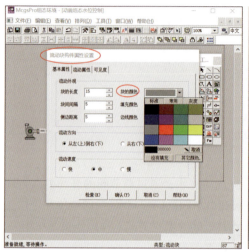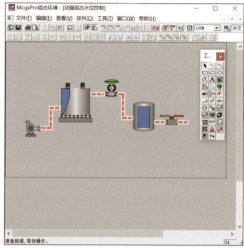

图 3-3　绘制流动块

（3）添加文字标注

单击工具箱的"标签"按钮 A，鼠标的光标变成"十字"形，在窗口任意位置拖动鼠标，拉出一定大小的矩形，在矩形框内直接输入"水位控制工程"文字。按照相同的方法，在相应的图形对象下面添加"水泵""水罐1""水罐2""调节阀""出水阀"5个标签。

为了使文字标注美观大方，可对文字显示颜色和大小等进行调整。完成后显示效果如图3-4所示。

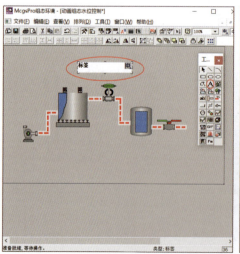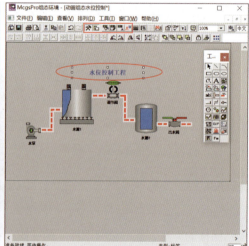

图 3-4　添加文字标注

2 定义数据变量

为了实现组态动画功能，需要在实时数据库中添加变量，水位控制工程需要定义的数据对象见表3-1。

表 3-1 水位控制工程需要定义的数据对象

序 号	对象名称	对象类型	对象注释（不影响运行效果，可不输入）
1	水泵	整数	控制水泵"启动""停止"的变量
2	调节阀	整数	控制调节阀"打开""关闭"的变量
3	出水阀	整数	控制出水阀"打开""关闭"的变量
4	液位1	浮点数	水罐1的水位高度，用来控制1#水罐水位的变化
5	液位2	浮点数	水罐2的水位高度，用来控制2#水罐水位的变化
6	液位1上限	浮点数	用来在运行环境下设定水罐1的上限报警值
7	液位1下限	浮点数	用来在运行环境下设定水罐1的下限报警值
8	液位2上限	浮点数	用来在运行环境下设定水罐2的上限报警值
9	液位2下限	浮点数	用来在运行环境下设定水罐2的下限报警值
10	液位组	组对象	用于历史数据、历史曲线、报表输出等功能构件

新建数据对象的步骤是在工作台中，单击"实时数据库"按钮，单击"新增对象"按钮后，双击新增对象，弹出"数据对象属性设置"对话框，按照表3-1修改"对象名称"和"对象类型"即可。

定义组对象类型数据时有所不同。在"液位组"的"数据对象属性设置"对话框中，选择"存盘属性"选项卡，存盘方式选择"定时存储到磁盘（永久存储）"，存盘参数中存储周期设为"10×0.1秒"；切换到"组对象成员"选项卡，将左边"数据对象列表"中的"液位1"、"液位2"增加到右边"组对象成员列表"中，如图3-5所示。

视频

定义数据变量

 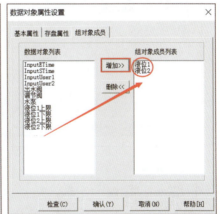

图 3-5 液位组属性设置

3 动画连接

（1）水罐动画连接

双击水罐1，弹出"单元属性设置"对话框，在"动画连接"中，选中"折线[大小变化]"，出现 ?▶ 按钮。单击 ▶ 按钮，弹出"动画组态属性设置"对话框，各项设置如图3-6所示，其他属性不变。

图3-6 水罐1动画连接

各项内容设置好后，单击"确认"按钮，完成水罐1的对象变量连接。水罐2的对象变量连接方法与水罐1的相同，只需把"表达式"由"液位1"改为"液位2"，"表达式的值"由"10"改为"6"即可。

（2）调节阀动画连接

在"水位控制"窗口中，双击调节阀，弹出"单元属性设置"对话框，切换到"动画连接"选项卡，分别选中第一行、第三行的"组合图符[按钮动作]"，单击 > 按钮，按图3-7所示修改，其他属性不变。

图3-7 调节阀动画连接

（3）水泵动画连接

双击水泵，弹出"单元属性设置"对话框，分别选择"组合图符[按钮动作]"和"矩形[填充颜色]"，设置如图3-8所示。

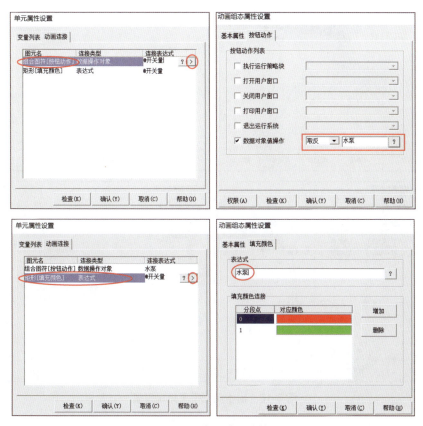

图 3-8　水泵动画连接

（4）出水阀动画连接

出水阀具有2个把手，绿色把手代表阀门打开，红色把手代表阀门关闭。下面进行出水阀的单元属性设置。双击出水阀，弹出"单元属性设置"对话框，选择"组合图符[按钮动作]"进行设置，如图3-9所示。

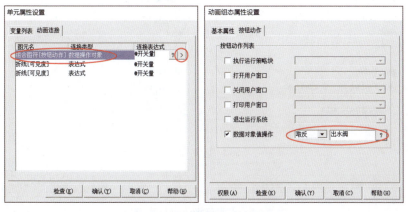

图 3-9　出水阀按钮动作设置

选择"折线[可见度]"完成出水阀把手可见度设置,如图3-10所示。

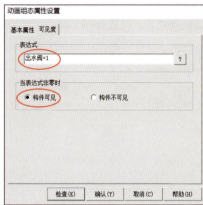

图 3-10　出水阀把手可见度设置

(5) 流动块动画连接

在"水位控制"窗口中,双击水泵右侧的流动块,弹出"流动块构件属性设置"对话框,切换到"流动属性"选项卡,"表达式"设置为"水泵=1";按同样的方法,设置与调节阀、出水阀相连的流动块,如图3-11所示。进入运行环境后,移动鼠标到水泵、调节阀、出水阀红色部分,单击后红色变为绿色,对应流动块开始流动。

图 3-11　出水阀把手可见度设置

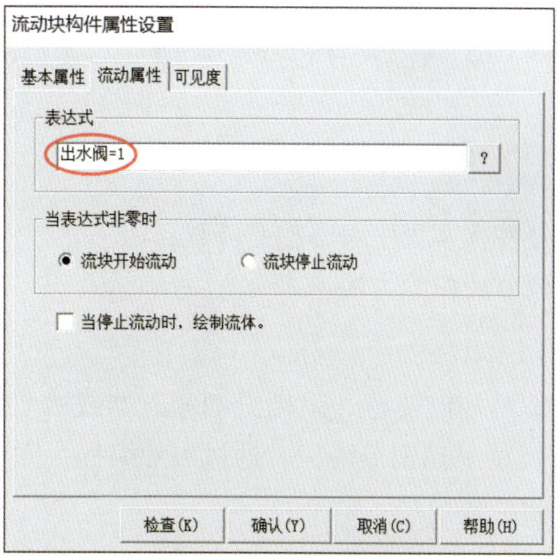

图 3-11　出水阀把手可见度设置（续）

　评价

评分表见表3-2。

表 3-2　评分表

评分表 _____学年		工作形式 □个人 □小组分工 □小组	工作时间/min _____	
任务	训练内容及配分	训练要求	学生自评	教师评分
组态设计	1. 组态工程建立，5分	TPC型号选择是否正确；组态工程保存路径是否正确		
	2. 组态窗口制作，40分	水罐制作；调节阀制作；出水阀制作；流动块制作；文字标签制作		
	3. 组态动画连接，40分	水罐动画连接；调节阀动画连接；出水阀动画连接；流动块动画连接		
	4. 测试与功能，15分	模拟运行整个组态动画功能是否正常		

学生：_____　教师：_____　日期：_____

练习与提高

1. 如何添加新的图形进入对象元件库管理？
2. 实时数据库中数据对象有哪些类型？
3. 组对象数据对象使用时有什么注意事项？组对象数据对象成员类型有什么要求？
4. 流动块中有的流向不一致，可能由哪些因素造成？如何修改？
5. 水罐1液位大小变化设置中将表达式的值改为100，会出现什么现象？为什么？
6. 水罐2液位最大变化百分比设为50，会出现什么现象？为什么？

任务2　脚本程序编写与模拟运行

任务目标

（1）掌握运用组态软件脚本程序编写控制流程；
（2）掌握模拟设备调节液位的方法。

任务描述

利用组态脚本程序编写控制流程，采用滑动输入器或PLC内部寄存器实现手动调节液位；添加模拟设备代替手动调节液位，通过PLC编程，完成水泵、调节阀、出水阀自动开启和关闭的功能。

任务训练

1 利用滑动输入器手动调节水位

进入水位控制窗口，在"工具箱"中单击"滑动输入器"按钮，当光标变为"+"后，拖动鼠标到合适大小，并利用标签A进行文字注释"液位1"；双击"滑动输入器"，进入"滑动输入器构件属性设置"对话框，以液位1为例，在"基本属性""刻度与标注属性""可见度"选项卡中进行设置，如图3-12所示。

视频
利用滑动输入器手动调节水位

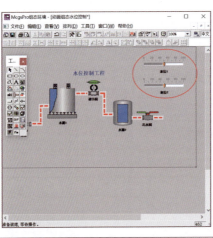

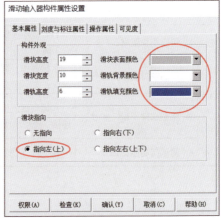

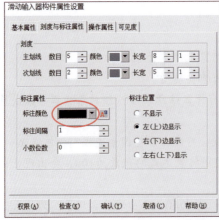

图 3-12　滑动输入器构件属性设置

采用类似的设置方法，对另一个滑动输入器构件连接对象变量"液位2"，下载运行进入MCGSPro模拟器，查看组态动画模拟运行效果，拉动滑动输入器可使水罐中的液面动起来。

2 编写控制流程脚本程序

控制流程假设：当"水罐1"的液位达到9 m，"水泵"关闭；"水罐1"液位不足9 m，"水泵"打开。当"水罐2"的液位不足1 m时，关闭"出水阀"，否则打开"出水阀"。当"水罐1"的液位大于1 m，同时"水罐2"的液位小于6 m时，打开"调节阀"，否则关闭"调节阀"。具体操作如下。

① 在工作台中切换到"运行策略"选项卡，选择"新建策略"中的"循环策略"，在"运行策略"窗口出现"策略1"；双击"策略1"，出现图标，双击该图标进入"策略属性设置"对话框，将循环时间（ms）设为200；在策略组态中，单击工具条中的"新增策略行"按钮，如图3-13所示。

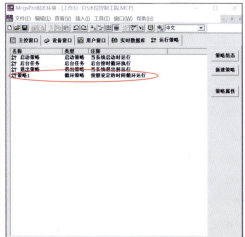

图3-13 新建循环策略属性设置及新增策略行

② 双击 按钮进入脚本程序编辑环境，注意选择菜单栏的"语句块IF～ELSE"

和右边"数据对象"中的变量,提高编程效率,完整程序如图3-14所示。完成后单击 ■按钮保存脚本,关闭脚本程序编辑环境。

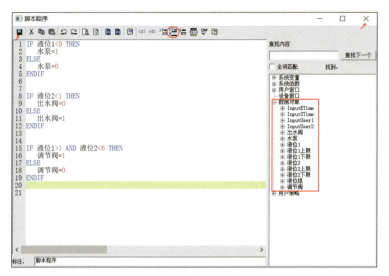

图 3-14　水位控制脚本程序

添加模拟设备

▶ 3　添加模拟设备

① 单击"工具条"按钮,打开"设备工具箱"对话框,单击"设备管理"按钮,在"可选设备"框的"通用设备"中打开"模拟数据设备",双击"模拟设备",确认后,在"选定设备"中就会出现"模拟设备",单击"确认"按钮。在"设备工具箱"中,双击"模拟设备",则会在"设备窗口"中加入"模拟设备",如图3-15所示。

图 3-15　添加模拟设备

② 双击"模拟设备",进入模拟设备属性设置。具体操作如下:在"设备编辑窗口"中,单击"内部属性",出现…按钮。单击…按钮进入"内部属性"窗口,设置好曲线的运行周期和最大值、最小值,单击"确定"按钮返回。在"设备编辑窗口"右边可进行"通道连接变量",选择所要连接的通道(如通道0),然后右击,在实时数

据库中选择"液位1"。用同样的步骤,完成"液位2"的通道连接,如图3-16所示。

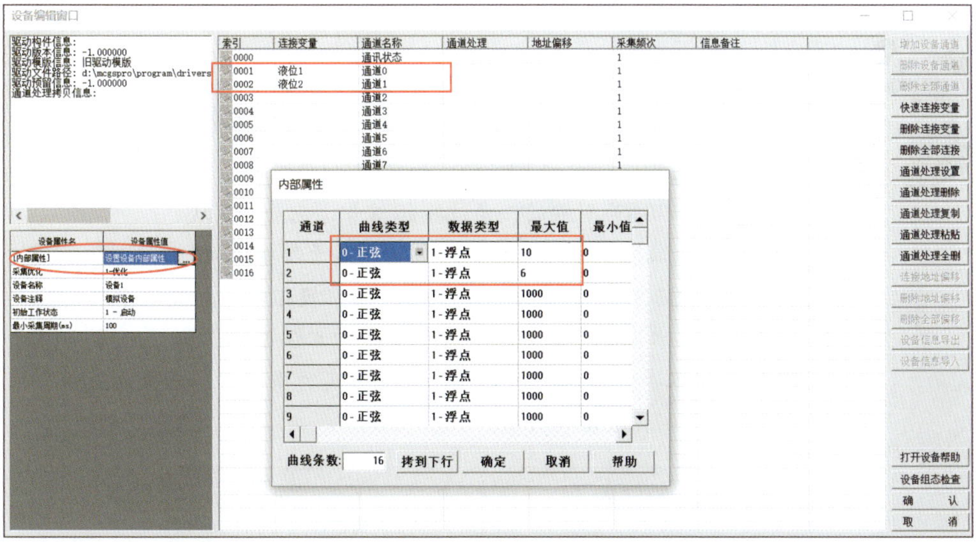

图 3-16 模拟设备设置

4 运行调试

观察液位1、液位2自动按正弦曲线规律进行高低变化。当液位1<9 m时,水泵会自动打开,水泵指示灯变为"绿色",不在此范围内水泵自动关闭,指示灯显示为"红色";当液位2>1 m时,出水阀会自动打开,对应指示灯为"绿色",不在此范围内出水阀自动关闭,对应指示灯为"红色";当液位1>1 m,同时液位2<6 m时,调节阀自动打开,对应指示灯为"绿色",不满足此条件时,调节阀自动关闭,对应指示灯为"红色"。

视频
运行调试

5 评价

评分表见表3-3。

表 3-3 评分表

评分表 _____学年		工作形式 □个人 □小组分工 □小组	工作时间/min	
任务	训练内容	训练要求	学生自评	教师评分
脚本程序编写与模拟运行	1. 通信连接,10分	TPC与PC通信;TPC与PLC通信;网口下载、USB下载		
	2. 工程组态,40分	组态界面设计;设备组态;窗口组态		
	3. PLC编程,20分	控制流程编程;程序下载		
	4. 测试与功能及整个装置全面检测,20分	动画功能;指示灯功能		
	5. 职业素养与安全意识,10分	现场安全保护;工具、器材、导线等处理操作符合职业要求;分工合作,配合紧密;遵守纪律,保持工位整洁		

学生:_____ 教师:_____ 日期:_____

练习与提高

1. 如何在组态工程中添加模拟设备？模拟设备有何用处？
2. 模拟设备信号类型有哪些？如何修改信号周期？
3. 要求以30 s为周期的三角波模拟信号，应如何实现？
4. 课外收集资料，学习模拟设备还能用于哪些场合？
5. 参考图3-17所示制作一个组态界面，模拟水壶加热烧水功能。具体控制要求：水温小于100℃，电子水壶中水温显示呈蓝色；水温大于100℃，电子水壶中水温显示呈红色，进行实时报警。水温仪表显示当前烧水温度，并制作报表和曲线。

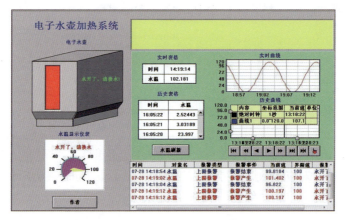

图 3-17　水壶加热烧水参考图

任务3　PLC编程与运行

 任务目标

（1）掌握运用PLC编程来代替脚本程序编程；
（2）实现水位控制流程的方法。

 任务描述

采用PLC内部寄存器实现手动调节水罐液位大小变化；根据工艺要求编写PLC程序实现水位控制工程自动运行；在运行中PLC输出端Y1、Y2、Y3显示水泵、调节阀、出水阀的开启/关闭状态。

 任务训练

1 利用PLC内部寄存器手动调节水罐液位

前面使用"滑动输入器"构件来实现水罐中液位调节，那么是否能通过PLC来实现该功能呢？本任务将完成组态软件与PLC的数据连接。PLC所用到的内部寄存器见表3-4。

表 3-4 PLC 内部寄存器使用一览表

PLC内部寄存器	M100	M101	D120	M200	M201	D220
功　用	增大液位1	减小液位1	液位1数据	增大液位2	减小液位2	液位2数据

在"水位控制"窗口中，打开"工具箱"，单击工具箱中的标准按钮，拖动到合适的位置，双击标准按钮，弹出"标准按钮构件属性设置"对话框，切换到"基本属性"选项卡，在"文本"中输入"液位1+"，表示通过该按钮手动增大液位1。用同样的方法，完成"液位1-""液位2+""液位2-"的设置，如图3-18所示。

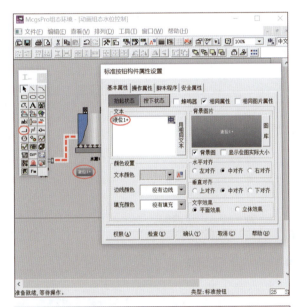

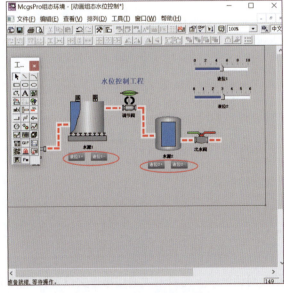

图 3-18 添加液位控制按钮

笔记栏

• 视频

添加外部设备

在工作台中切换到"设备窗口"选项卡,单击"设备组态"按钮,在工具条上单击 按钮,打开"设备工具箱"对话框;单击"设备管理"按钮,打开"设备管理"对话框,在"可选设备"框的"PLC"文件夹中选择"三菱_FX系列编程口",双击确认后,出现在"选定设备"中,单击"确认"按钮退出"设备管理"对话框,如图3-19所示。

图 3-19 设备窗口添加选定设备

在"设备工具箱"对话框中,先双击"通用串口父设备",再双击"三菱_FX系列编程口",会弹出"是否使用'三菱_FX系列编程口'驱动的默认通信参数设置串口父设备参数？",单击"是（Y）"按钮,如图3-20所示。

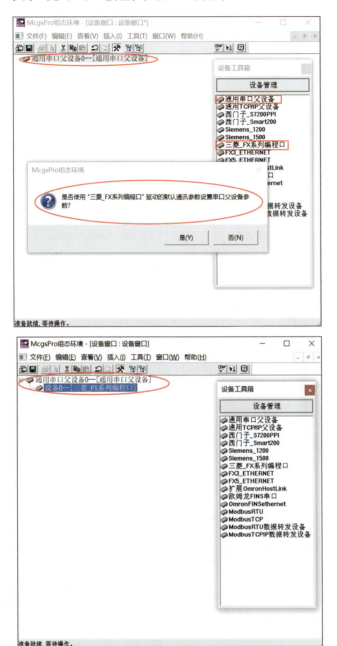

图 3-20　设备窗口添加三菱_FX 系列编程口

双击"设备窗口"中"设备0—[三菱-FX系列编程口]",打开"设备编辑窗口"对话框,单击"增加设备通道",增加M100、M101、M200、M201四个辅助寄存器通道和D120、D220两个数据寄存器通道,如图3-21所示。

在"设备编辑窗口"对话框中选择"读写M0100"通道,双击"连接变量"空白处,弹出"变量选择"窗口,在"选择变量"输入框内输入"M100",如图3-22所示,

笔记栏

采用类似的方法完成M101、M200、M201的变量连接。

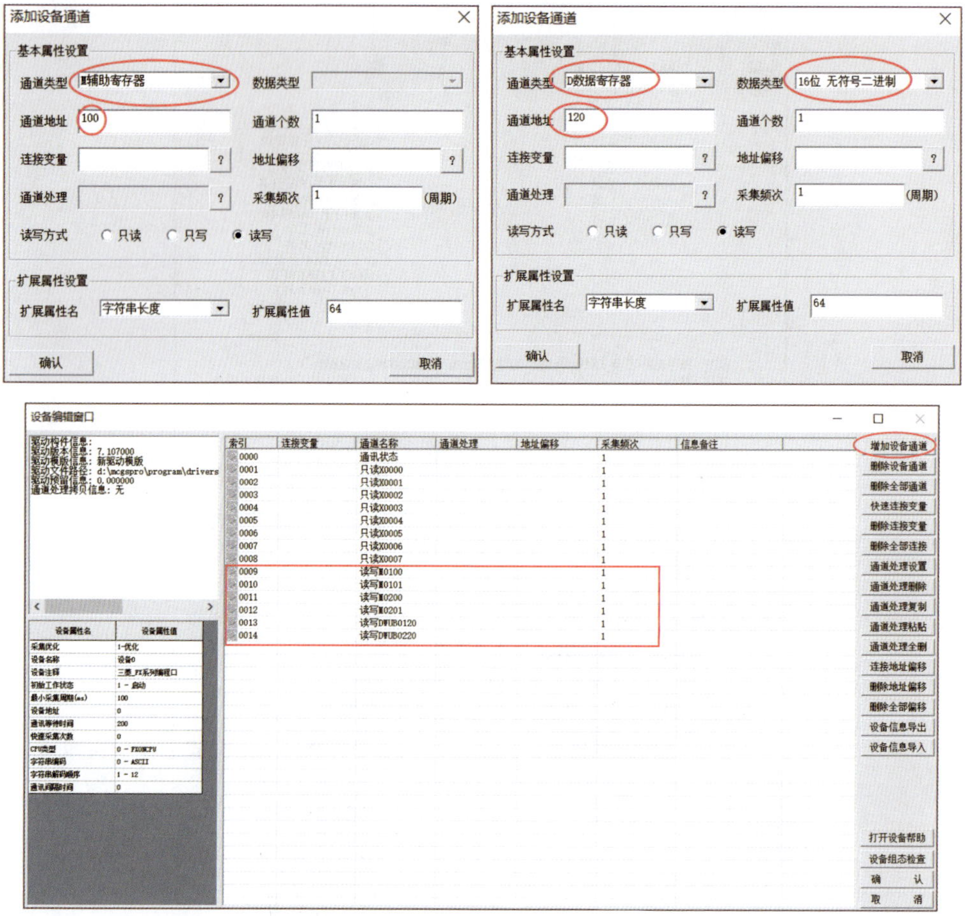

图 3-21 增加设备通道

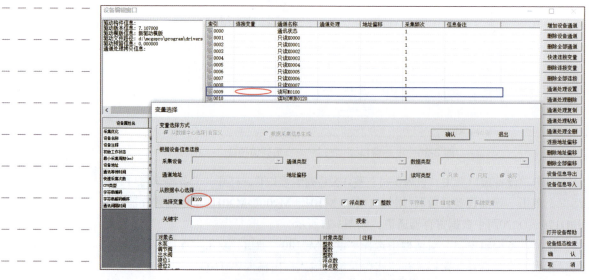

图 3-22 读写 M0100 通道连接变量

对于"读写DWUB0120"通道,"连接变量"选择"液位1";对于"读写DWUB0220"通道,"连接变量"选择"液位2",单击"设备编辑窗口"对话框右下角"确认"按钮,弹出对话框提示"变量'M100'未定义!是否添加此变量的定义?",单击"全部添加"按钮,完成设备窗口设置,如图3-23所示。

图 3-23　设备编辑窗口完成连接变量

回到"水位控制"窗口,双击"液位1+"按钮,打开"标准按钮构件属性设置"对话框,切换到"操作属性"选项卡,单击"抬起功能"按钮,选择"数据对象操作"复选框,后面选择"按1松0",单击 ? 按钮,选择数据对象"M100",采用类似的方法完成"液位1-"、"液位2+"、"液位2-"的功能设置,如图3-24所示。

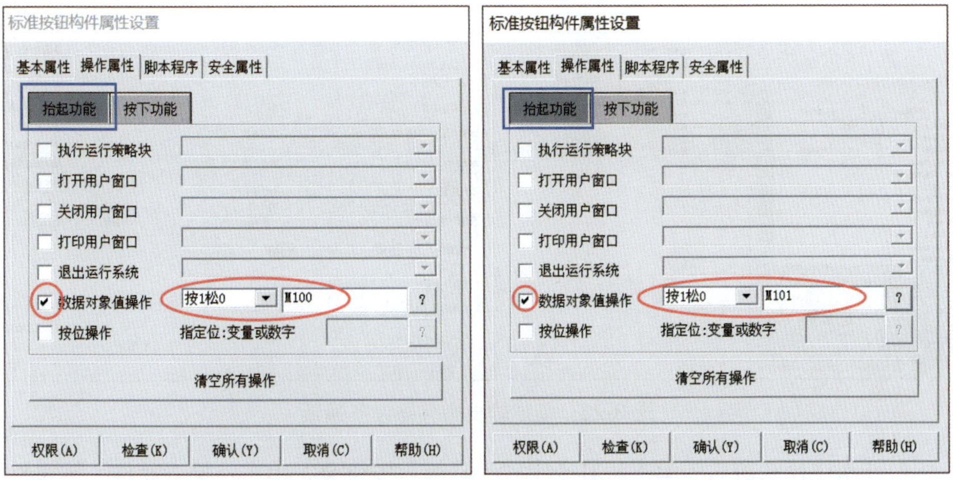

图 3-24　"液位 1+""液位 1-"按钮设置

利用PLC编程软件输入PLC程序(见图3-25),并下载到PLC中。触摸屏和PLC通信成功后,对按钮"液位1+"点动控制,可以看到水罐1中的液位不断上升;对按钮"液位1-"点动控制,水罐1中的液位不断下降;松开按钮时,水罐1的液位维持不变。

笔记栏

采用类似的方法，完成手动控制液位2的功能调试。

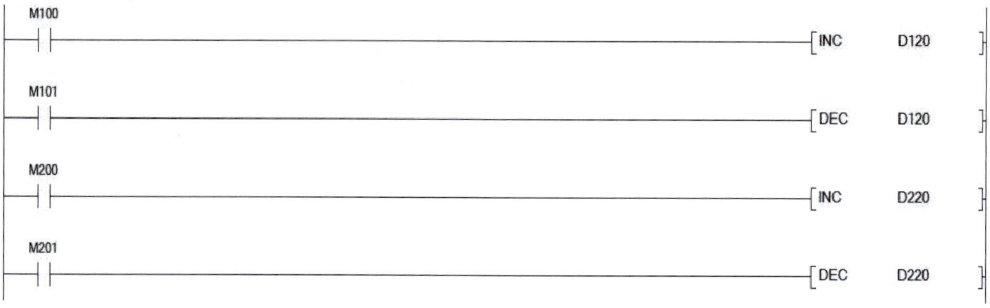

M100
INC D120
M101
DEC D120
M200
INC D220
M201
DEC D220

图 3-25　手动控制液位 PLC 程序

2 通过PLC编程自动调节水罐液位

由于采用PLC编程来实现水位控制，先检查确认下组态工程是否包含脚本程序。具体步骤为：在工作台中切换到“运行策略”选项卡，在“运行策略”中选择“循环策略”，打开“循环策略”后双击脚本程序按钮进入脚本程序编辑环境，全选脚本程序后按【Delete】键删除，单击“确定”按钮后保存工程。

接下来通过增加Y输出寄存器通道来完成水泵、调节阀、出水阀与PLC输出端子Y1、Y2、Y3的连接。

双击“设备窗口”中的“设备0—[三菱-FX系列编程口]”，打开“设备编辑窗口”对话框，单击“增加设备通道”按钮，分别增加Y0001（水泵）、Y0002（调节阀）、Y0003（出水阀）三个Y输出寄存器通道，如图3-26所示。

添加设备通道
基本属性设置
通道类型
Y输出寄存器
通道地址
通道个数
扩展属性设置
确认
取消
增加设备通道

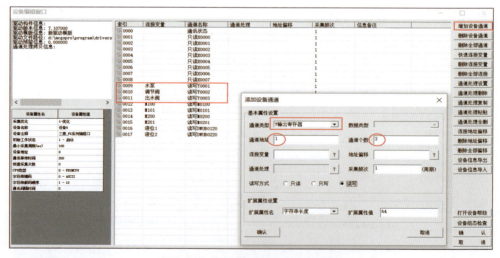

图 3-26　增加输出寄存器设备通道

打开水位控制窗口，单击工具条中“工具箱”按钮，单击“插入元件”按钮，打开“元件图库管理”对话框，选择“公共图库”类型，从“指示灯”中选取指示灯3，加上文字标签，如图3-27所示。

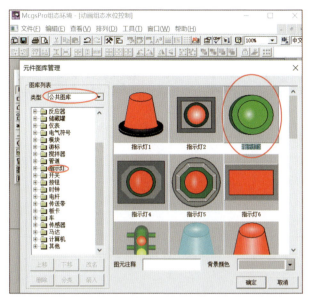

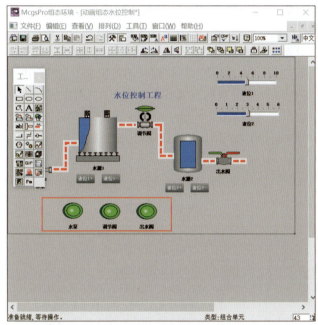

图 3-27　添加指示灯

　　双击"水泵"对应指示灯,弹出"单元属性设置"对话框,切换到"动画连接"选项卡,选择第二行"组合图符[可见度]",单击后面的 > 按钮,弹出"动画组态属性设置"对话框,在"表达式"中输入"水泵=1",如图3-28所示。
　　采用类似的方法,选择第三行"组合图符[可见度]",单击后面的 > 按钮,弹出"动画组态属性设置"对话框,同样在"表达式"中输入"水泵=1",其他不变,单击"确认"按钮完成。调节阀、出水阀的指示灯设置类似。

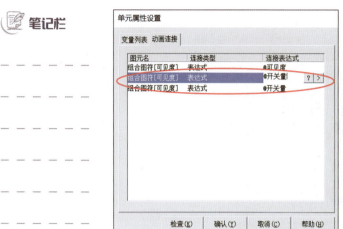 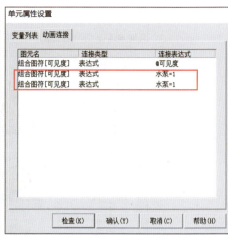

图 3-28　设置水泵指示灯

3　运行调试

（1）用数据线将触摸屏和PLC连接，通信成功后，单击"液位1+"和"液位1-"按钮，当液位1<9 m时，水泵会自动打开，水泵指示灯变为"绿色"，不在此范围内水泵自动关闭，指示灯显示为"红色"。

（2）单击"液位2+"和"液位2-"按钮，当液位2>1 m时，出水阀会自动打开，对应指示灯为"绿色"，不在此范围内出水阀自动关闭，对应指示灯为"红色"。

（3）当液位1>1 m，同时液位2<6 m时，调节阀自动打开，对应指示灯为"绿色"；不满足此条件时，调节阀自动关闭，对应指示灯为"红色"。

4　评价

评分表见表3-5。

表 3-5　评分表

任务	评分表 _____学年 训练内容	工作形式 □个人 □小组分工 □小组 训练要求	工作时间/min	
			学生自评	教师评分
PLC编程与运行	1. PLC内部寄存器设置，20分	设备窗口选择设备是否正确；设备窗口添加通道是否正确；通道连接变量是否正确；PLC程序是否正确		
	2. 增加Y输出寄存器通道，20分	设备窗口选择设备是否正确；设备窗口添加通道是否正确；通道连接变量是否正确		
	3. PLC控制流程程序编写，30分	PLC程序是否正确		
	4. 测试与功能，20分	液位1+、液位1-、液位2+、液位2-是否能调节液位大小；水泵、调节阀、出水阀是否能自动开启和关闭；水泵、调节阀、出水阀组态界面指示灯是否工作正常；水泵、调节阀、出水阀对应PLC输出指示灯是否正常		
	5. 职业素养与安全意识，10分	现场安全保护；工具、器材、导线等处理操作符合职业要求；分工合作，配合紧密，遵守纪律，保持工位整洁		

学生：_____　教师：_____　日期：_____

练习与提高

1. 进入运行环境后,组态窗口水泵指示灯工作,PLC输出端指示灯没变化,可能是什么原因?
2. 水泵指示灯组态可见度设置中,"表达式"文本框内容改为"水泵=0",指示灯显示将有什么变化?
3. 本任务PLC控制流程中CMP指令是如何工作的?
4. 画出组态实时数据库变量和PLC寄存器变量之间的对应关系表。
5. 将液位增加或减小的步进改为0.1,比较系统运行时的区别。
6. 比较脚本程序与PLC编程各有什么特点和优势?

任务4 报警、报表、曲线与安全机制

任务目标

(1)掌握水位控制工程报警功能的组态;
(2)掌握表格和曲线的制作;
(3)掌握工程安全机制和权限设置。

任务描述

构建设计水位工程的实时报警,调用组态系统函数实现报警上下限值的修改,制作报警指示灯显示报警状态;根据水位控制工程液位1、液位2、水泵、调节阀和出水阀数据对象,制作完成实时数据、历史数据、实时曲线和历史曲线;设置用户权限管理,完成工程登录。

任务训练

1 报警显示

对于"液位1"对象变量,在实时数据库中,双击"液位1",进入"报警属性"设置窗口,在空白处右击,在弹出的快捷菜单中选择"追加"命令,在"新增报警属性设置"窗口完成"液位1"报警上限的设置,如图3-29所示。

采用类似的方法,完成液位1报警下限、液位2报警上限、液位2报警下限的设置。

实时数据库只负责关于报警的判断、通知和存储三项工作,而报警产生后所要进行的其他处理操作(即对报警动作的响应),则需要在组态中实现。具体操作如下:在MCGS工作台上,切换到"用户窗口"选项卡,在"用户窗口"中,选中"水位控制",双击"水位控制"或单击"动画组态"按钮进入组态界面。在窗口的工具条中单击"工具箱"按钮,在"工具箱"对话框中单击"报警浏览"按钮，光标变"+"后用鼠标拖动到适当位置与大小,如图3-30所示,进行报警设置,完成后进入MCGSPro模拟器,查看报警显示效果。

报警显示

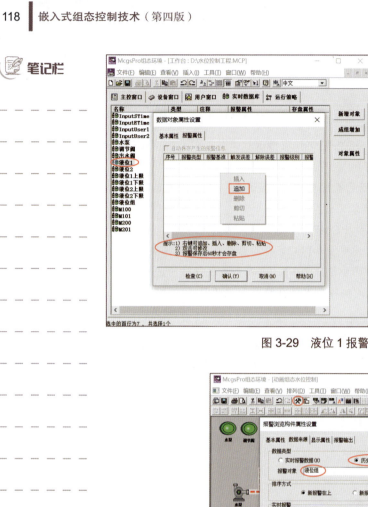

图 3-29 液位 1 报警上限设置

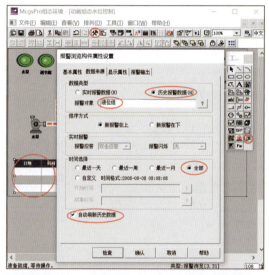

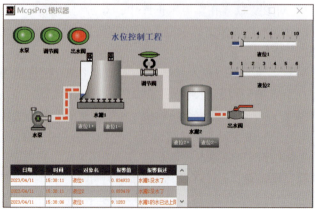

图 3-30 报警浏览显示

2 修改报警限值

在"实时数据库"中,先对"液位1上限""液位1下限""液位2上限""液位2下限"进行"对象初值"设置,如图3-31所示。如果要在运行环境下根据实际情况随时改变报警上下限值,可以通过如下操作实现。

图 3-31 液位上下限初值设置

在"用户窗口"中,进入"水位控制"窗口,在"工具箱"中单击(标签)按钮 **A** 用于文字注释,单击"输入框"按钮 **abl** 用于输入上下限值,并分别对四个输入框进行属性设置,如图3-32所示。在工作台上,切换到"运行策略"选项卡,选择"策略1",双击脚本程序图标,进入脚本程序编辑环境,脚本程序如图3-33所示。

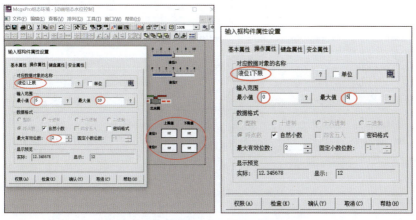

图 3-32 修改报警限值输入框组态设置

图 3-32 修改报警限值输入框组态设置（续）

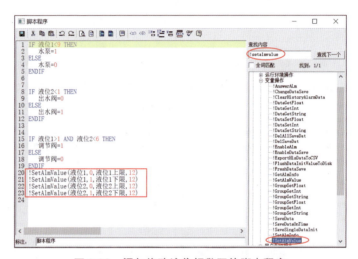

图 3-33 添加修改液位报警限值脚本程序

3 报警动画显示

在"用户窗口"选项卡中选中"水位控制"，双击进入，单击"工具箱"中的"插入元件"按钮，进入"公共图库"，从"指示灯"中选取指示灯1（液位1）和指示灯3（液位2），调整大小放在适合位置。分别对两个指示灯进行动画属性设置，设置方法如图3-34所示。

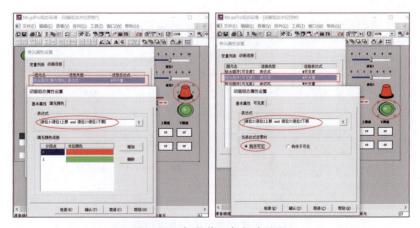

图 3-34 报警指示灯组态设置

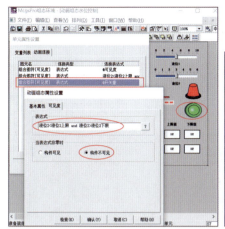
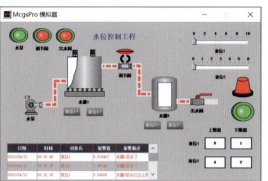

图 3-34 报警指示灯组态设置（续）

4 报表输出

实时数据报表是实时地将当前时间的数据对象变量按一定报告格式（用户组态）显示和打印，即对瞬时量的反映。下面先完成实时数据报表的组态。在MCGS工作台上，切换到"用户窗口"选项卡，在"用户窗口"中单击"新建窗口"按钮，产生一个新窗口，单击"窗口属性"按钮，弹出"用户窗口属性设置"对话框，如图3-35所示，进行属性设置。双击"数据显示"窗口，进入"动画组态数据显示"对话框。单击"工具箱"中的"标签"按钮进行注释："水位控制系统数据显示""实时数据""历史数据"。在"工具箱"中单击"报表"按钮▦，拖动到计算机桌面适当位置，如图3-35所示。

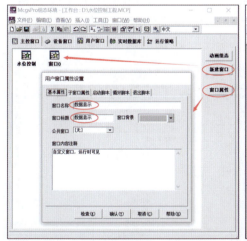
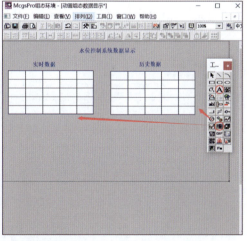

实时报表输出

图 3-35 新建数据显示窗口

双击表格进入，如要改变单元格大小，把光标移到C1、C2、…或1、2、…之间的分隔符，当光标变化为双箭头时，拖动鼠标即可；在需要删除的行或列上右击，选择行列增减。根据液位1、液位2、水泵、调节阀和出水阀五项观测内容，因此，实时数据表格改为5行2列，如图3-36所示。

图 3-36 实时数据表格行列调整

然后双击实时数据表格的C1列单元格,输入相关的文字注释"液位1""液位2""水泵""调节阀""出水阀";在C2列选定单元格后,右击,在弹出的快捷菜单中选择"添加数据连接"命令,弹出设置窗口,对"数据来源"和"显示属性"分项按图3-37所示进行设置。按照类似的方法,完成液位2、水泵、调节阀、出水阀数据连接设置。

历史数据报表是从历史数据库中提取存盘数据记录,以一定的格式显示历史数据。双击历史数据表格,选择删除不需要的列,将表格改为5行3列。把光标移到C1与C2之间,当光标发生变化时,拖动鼠标改变单元格大小;分别在R1C1、R1C2和R1C3中添加文字注释:"采集时间""液位1""液位2"。拖动鼠标从R2C1到R5C3,表格会反黑显示。在反黑区域右击,在弹出的快捷菜单中选择"添加数据连接"命令,弹出设置窗口,对"数据来源""显示属性""时间条件"分别进行设置,如图3-38所示。

视频
历史数据报表

图 3-37 添加数据连接设置

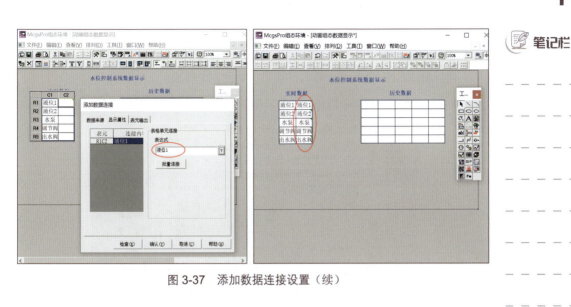

图 3-37 添加数据连接设置（续）

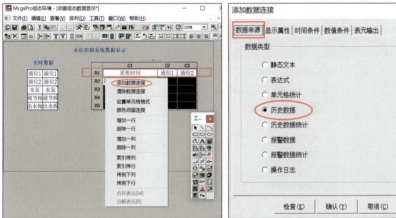

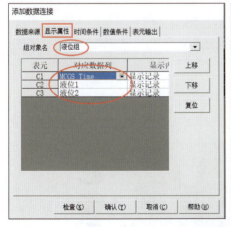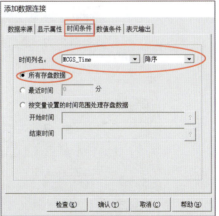

图 3-38 历史数据表格数据连接设置

回到"水位控制"窗口，在"工具箱"中单击"标准按钮"，放置在合适位置，双击"按钮"，打开"标准按钮构件属性设置"对话框。切换到"基本属性"选项卡，将文本中"按钮"改为"数据显示"；切换到"操作属性"选项卡，在"抬起功能"中,选择"打开用户窗口"复选框,选择"数据显示"选项,如图3-39所示。采用类似的方法,在"数据显示"窗口添加"水位控制"窗口连接按钮。完成组态设置后,进入MCGSPro模拟器查看运行效果,如图3-40所示。

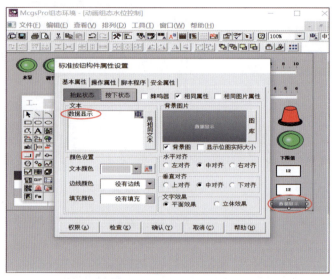

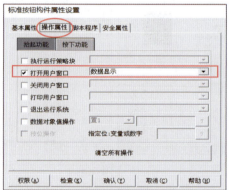

图 3-39　添加数据显示连接按钮

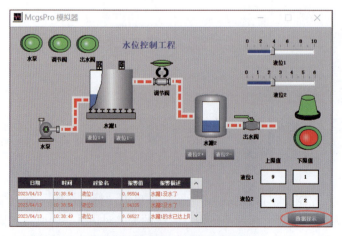

图 3-40　数据显示模拟运行效果

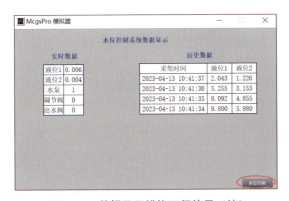

图 3-40 数据显示模拟运行效果（续）

5 曲线显示

实时曲线构件是用曲线显示一个或多个数据对象数值的动画图形，像笔绘记录仪一样实时记录数据对象值的变化情况。在MCGS工作台中，切换到"用户窗口"选项卡，在"用户窗口"中双击"数据显示"进入窗口组态，在"工具箱"中单击"实时曲线"按钮，拖放到窗口的适当位置调整大小。同时添加"实时曲线"文字标签进行曲线构建的标注。双击实时曲线，进行设置，如图3-41所示。

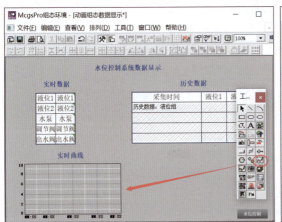

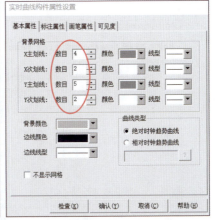

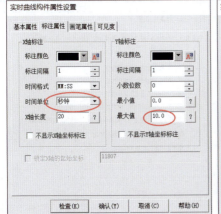

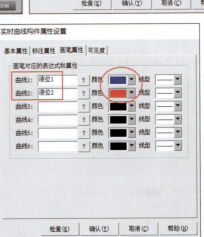

图 3-41 实时曲线组态设置

历史曲线构件实现了历史数据的曲线浏览功能。运行时，历史曲线构件能够根据需要画出相应历史数据的趋势效果图。在"用户窗口"中双击"数据显示"，在"工具箱"中单击"历史曲线"按钮，拖放到适当位置调整大小，添加标签进行标注。双击历史曲线，弹出"历史曲线构件属性设置"对话框，在"基本属性""数据来源""标注设置""曲线设置""高级属性"分项进行组态设置，如图3-42所示。注意，在"曲线设置"分项进行设置时，液位1选择曲线颜色为蓝色、液位选择曲线颜色为红色，如图3-42所示。

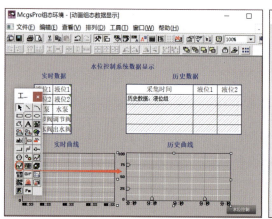 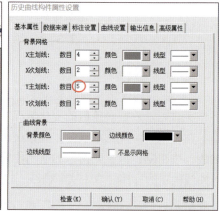

 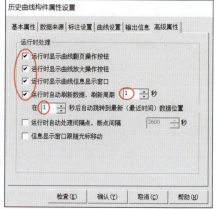

图 3-42　历史曲线组态设置

工程加密

MCGSPro组态软件提供两种工程加密方式来保护组态工程过程中的开发成果,分别是"工程密码设置"和"工程文件保护"。

（1）工程密码设置

在MCGSPro组态软件的菜单上,选择"工具"选项,在下拉菜单中选择"工程密码设置"命令,给正在组态或已完成的工程设置密码,如图3-43所示。后续每次打开组态工程时,首先弹出输入框要求输入工程的密码如"666666",如果密码不正确则不能打开该工程,从而起到保护劳动成果的作用。

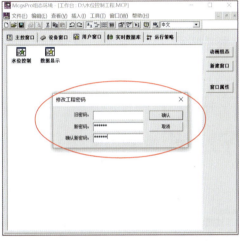

图 3-43　工程密码设置

（2）工程文件保护

在MCGSPro组态软件的菜单上,选择"工具"选项,在下拉菜单中选择"工程文件保护"命令,弹出设置对话框,选择"启用工程文件保护"复选框,下方"工程文件识别码"输入框被激活,表示启用了此功能,如图3-44所示。工程文件识别码,只能为数字和字母的组合,最长不超过20个字符。

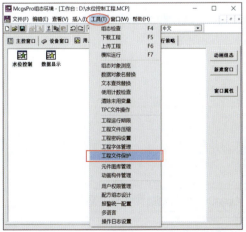

图 3-44　工程文件保护

"工程文件保护"功能在模拟运行环境下无效,下载启用了"工程文件保护"功能的工程到触摸屏,如果触摸屏的"触摸屏识别码"与工程文件设置的"工程文件识别码"不一致,进入工程时会报出错误,"工程文件已受保护,启动失败!"。直到使用经销商提供的U盘工具修改"触摸屏识别码"与"工程文件识别码"一致时,工程才可正常运行。

7 定义用户组和用户

为了整个系统能安全地运行,需要对系统权限进行管理。选择"工具"→"用户权限管理"选项,弹出"用户管理器"对话框,可以看到在MCGSPro组态软件中,固定有一个名为"管理员组"的用户组和一个名为"负责人"的用户。下面以增加操作员组张工、技术员李工为例,完成用户组和用户的增加。单击"用户组名"空白处,单击"新增用户组"按钮,设置"操作员组",如图3-45所示。单击"用户名"空白处,单击"新增用户"按钮,设置用户名"张工"和用户密码,隶属于操作员组,如图3-46所示。

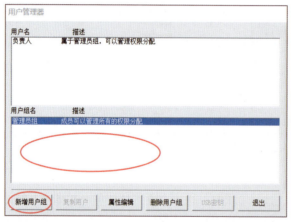

图 3-45 添加操作员组

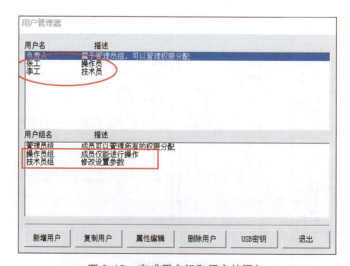

图 3-46 完成用户组和用户的添加

图 3-46 完成用户组和用户的添加（续）

8 用户权限

（1）组态配置权限

为了更好地保证工程安全、稳定可靠地运行，防止与工程系统无关的人员进入或退出工程系统，MCGSPro系统提供了对工程运行时进入和退出工程的权限管理。在工作台上切换到"主控窗口"选项卡，再单击"系统属性"，弹出"主控窗口"对话框，选择"进入登录，退出登录"选项；单击"权限设置"按钮，弹出"用户权限设置"对话框，选择"所有用户"复选框，如图3-47所示。工程下载进入MCGSPro模拟器，可以看到无论进入或退出模拟环境，都需要选择用户名和输入对应密码才能完成，如图3-48所示。

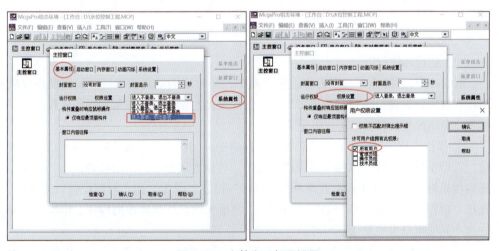

图 3-47 主控窗口权限设置

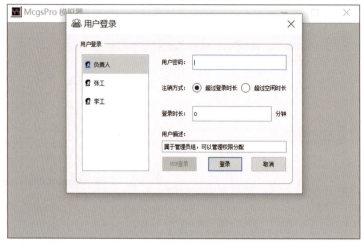

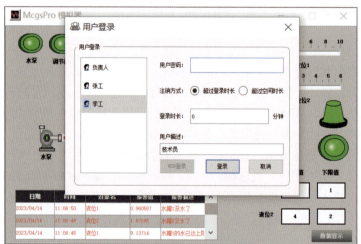

图 3-48 进入或退出系统用户登录界面

（2）运行环境权限

MCGSPro 系统操作权限的组态非常简单，当对应的动画功能可以设置操作权限时，在属性设置窗口进行相应设置即可，管理员拥有所有组态查看和操作的权限，下面重点介绍操作员和技术员权限设置。

① 操作员权限设置：在"水位控制"窗口中，"液位1+""液位1-""液位2-""液位2-"四个按钮设置为供操作员操作的按钮。具体方法如下：双击按钮，在"标准按钮构件属性设置"对话框左下角单击"权限"按钮，弹出"用户权限设置"对话框，选择"操作员组"复选框，如图3-49所示。其他无须操作员操作的构件，用类似的方法选中其他用户组的复选框即可。

② 技术员权限设置：在"水位控制"窗口中，液位1、液位2的上下限值可设置为技术员操作的按钮，具体方法如下：双击输入框，在"输入框构件属性设置"对话框左下角单击"权限"按钮，弹出"用户权限设置"对话框，选择"技术员组"复选框，如图3-49所示。其他无须技术员操作的构件，用类似的方法选中其他用户组的复选框即可。

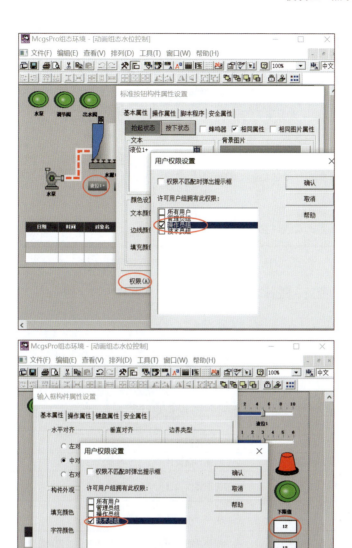

图 3-49 操作员、技术员权限设置示例

9 系统权限

为了加强安全保护，除了在MCGSPro系统里设置密码，还可在TPC主控窗口设置密码，实现对TPC系统参数设置、组态工程上传或下载的保护。如果TPC主控窗口设置了密码，那么在系统参数设置界面中单击主控窗口时，会出现密码输入界面，密码正确才能操作。如果TPC主控窗口设置了密码，组态工程上传或下载时：①通过U盘升级用户工程时，运行环境会出现密码输入界面，密码正确才能继续操作。②通过组态环境的上传工程功能、下载配置的联机运行功能，均会在组态软件中弹出密码输入界面，TPC密码正确才能继续操作，如图3-50所示。

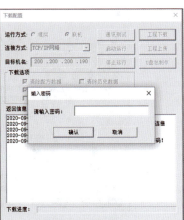

图 3-50 TPC 主控窗口设置密码效果

完成全部功能后，进行运行环境测试。

 评价

评分表见表3-6。

表 3-6 评分表

任务	评分表 _____学年	工作形式 □个人 □小组分工 □小组	工作时间/min	
	训练内容	训练要求	学生自评	教师评分
报警、报表、曲线与安全机制	1. 报警功能，15分	组态界面设计		
	2. 报表功能，15分	组态界面设计		
	3. 曲线功能，15分	组态界面设计		
	4. 权限功能，15分	组态界面设计		
	5. 测试与功能，30分	报警功能；报表功能；曲线功能；权限功能		
	6. 职业素养与安全意识，10分	现场安全保护；工具、器材、导线等处理操作符合职业要求；分工合作，配合紧密；遵守纪律，保持工位整洁		

学生：_____ 教师：_____ 日期：_____

练习与提高

1. 液位1报警上限改为8，液位2报警上限改为4，应如何设置？
2. 报警对象选择了液位组，但无报警信息，可能是什么原因？
3. 如何在组态运行过程中修改报警限值？
4. 实时曲线运行中，如果只有一条曲线，应如何解决？
5. 运行环境中，无法观察到历史曲线，应如何解决？
6. 历史曲线显示过密，应在组态中如何调整设置？
7. 如何实现上传或下载工程实现密码保护？

任务5　水位控制工程调试运行

任务目标
（1）掌握水位控制工程系统集成的步骤和方法；
（2）完成水位控制系统整体工程。

任务描述
制作完整水位控制工程，要求：制作组态调试窗口和运行窗口，设有手动/自动控制切换功能，触摸屏和电柜上分别设置启动、停止、手动/自动切换和水泵、调节阀、出水阀手动启停按钮。自动控制要求通过水泵启停，实现水罐1自动注水；通过调节阀启停，调节水灌1的液位高度在合适的位置；调节阀和出水阀共同控制水罐2中液位在合适的位置。手动控制要求根据液位变化手动调节水泵、调节阀和出水阀的启停。

任务训练

1 组态软件使用的一般步骤

（1）将所有I/O点的参数收集齐全，并填写表格，以备在监控组态软件和PLC上组态时使用。

（2）弄清楚所使用的I/O设备的生产商、种类、型号、使用的通信接口类型，采用的通信协议，以便在定义I/O设备时做出准确选择。

（3）将所有I/O点的I/O标识收集齐全，并填写表格，I/O标识是唯一确定一个I/O点的关键字，组态软件通过向I/O设备发出I/O标识来请求其对应的数据。在大多数情况下I/O标识是I/O点的地址或位号名称。

（4）根据工艺过程绘制、设计画面结构和画面草图。

（5）按照第一步统计出的表格，建立实时数据库，正确组态各种变量参数。

（6）根据第一步和第三步的统计结果，在实时数据库中建立实时数据库变量与I/O点的一一对应关系，即定义数据连接。

（7）根据第四步的画面结构和画面草图，组态每一幅静态的操作画面。

（8）将组态操作画面中的图形对象与实时数据库变量建立动画连接关系，规定动画属性和幅度。

（9）视用户需求，制作报警显示、报表输出、曲线显示等功能。最后，还需加上安全权限设置。

（10）对组态内容进行分段和总体调试，视调试情况对软件进行相应修改。

（11）将全部内容调试完成以后，对上位机软件进行完善，例如，加上开机自动打开监控画面、登录退出权限设置等，让系统投入正式（或试）运行。

2 系统方案设计

根据实际水位工程控制要求，通过电柜操作控制面板或TPC触摸屏进行调试运行控制。PLC通过A/D模块采集液位模拟量，输出开关量控制水泵、调节阀和出水阀的启停，液位1通过磁翻板传感器进行检测，液位2通过超声波传感器进行检测，水位工程系统硬件框图如图3-51所示。

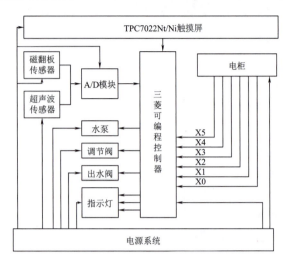

图 3-51　水位工程系统硬件框图

3 硬件选型

水位工程硬件选型主要包括三菱可编程控制器、TPC7022Nt/Ni触摸屏、三菱AD模块、UZ2.5A 1000I磁翻板液位传感器、BANNER美国邦纳S18U超声波传感器等。为了熟悉液位传感器，故采用两种传感器进行液位检测。其中UZ2.5A 1000I磁翻板液位传感器用来检测液位1，S18U超声波传感器用来检测液位2。

4 硬件安装

操作控制面板上有启动按钮SB1、启动指示灯L1、停止按钮SB2、调试/运行切换按钮SB3、水泵按钮SB4、调节阀按钮SB5、出水阀按钮SB6、水泵指示灯L1、调节阀指示灯L2、出水阀指示灯L3、TPC7022Nt/Ni触摸屏等部分组成，电柜外观如图3-52所示。

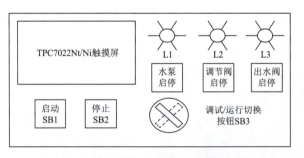

图 3-52　电柜外观图

在电柜中进行系统硬件安装时，先选用AutoCAD进行绘图。绘图时应注意：①选用正确的图纸模板进行绘图。②元件位置摆放清楚、工整。③元件采用规范的电气符号。④正确连接各元件的连线，避免出现遗漏和错接现象。绘图完成后进行硬件安装。

5 组态设计与PLC编程

组态设计内容参考前面任务所讲解的内容完成，组态运行窗口如图3-1所示。

PLC编程除了前面任务所介绍的控制流程的编程，增加两部分内容：①系统启动按钮SB1、停止按钮SB2、调试/运行切换按钮SB3编程,对应连接PLC输入端X0、X1和X2;手动开关水泵、调节阀、出水阀按钮SB4、SB5、SB6,对应指示灯为L1、L2、L3,连接PLC输出端Y4、Y5、Y6。②液位大小由磁翻板传感器和超声波传感器采集后发送给A/D模块,转换后送入PLC,完成A/D模块模拟量采集编程。

完成后进行调试运行。

6 评价

评分表见表3-7。

表3-7 评分表

任务	评分表 _____学年 训练内容	工作形式 □个人 □小组分工 □小组 训练要求	工作时间/min	
			学生自评	教师评分
水位控制工程调试运行	1. 通信连接5分	网口下载、USB下载;TPC与PLC通信		
	2. 组态设计及组态界面,20分	启动窗口、调试窗口、运行窗口组态功能是否完备; 设备窗口与PLC连接是否正确		
	3. PLC编程, 20分	控制流程编程;程序下载		
	4. 测试与功能及整个系统全面调试, 45分	调试窗口是否正常工作,水泵、调节阀、出水阀按钮是否工作正常,是否能实现手动调试;运行窗口是否正常工作,按下触摸屏上启动、停止、切换按钮,系统是否正常运行		
	5. 职业素养与安全意识,10分	现场安全保护;工具、器材、导线等处理操作符合职业要求;分工合作,配合紧密;遵守纪律,保持工位整洁		

学生:_____ 教师:_____ 日期:_____

练习与提高

1. 水位工程硬件选型主要包括哪些部分?
2. 查询资料获取UZ2.5A 1000I液位传感器和S18U超声波传感器输入输出信号量程。
3. 组态工程下载到TPC中有几种方法?特点是什么?
4. 尝试在电柜增加一个按钮,实现系统急停功能。
5. 检测液位的两种传感器的特点是什么?为何要设计两套操作,各自有什么功能?

▶ 任务6 本地私有云监控

🐼 任务目标

(1)掌握MCGSPro单机监控方案;

（2）完成水位控制工程私有云监控。

任务描述

物联网飞速发展，万物互联时代已经拉开大幕。通过昆仑技创物联网触摸屏将组态工程运行数据上传到服务器，管理人员或技术人员可在计算机与手机上查看设备状态，从而实现"云端"监控，保证组态工程安全可靠运行。物联网触摸屏"云端"监控通常包含私有云和公有云两种部署方式。本任务要求采用私有云方式，通过MCGSIoT设置，完成水位控制工程系统的远程单机监控。单机监控方案主要面向管理人员，通过数据传输，实现远程监控、权限设置、消息推送等功能，通过物联助手分享功能达到多人监控一台触摸屏的目标。单机监控原理如图3-53所示。

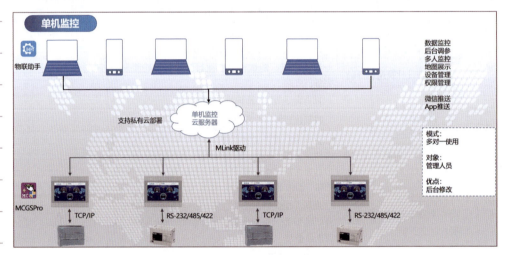

图 3-53　单机监控原理图

为了实现水位控制工程私有云监控，需要具备以下条件：

① 计算机、手机、触摸屏可以接入本地无线网络。例如，计算机、手机连接无线网络CZTGI，通过身份验证后接入本地网；触摸屏连接无线网络TY1接入本地网。（由于屏端无法进行身份验证，TY1是网络管理员为触摸屏进入本地网开设的专用无线网络SSID）

② 屏端触摸屏安装了MCGSPro组态软件、运行环境和MCGSPro_MLink驱动。

③ 计算机客户端安装了MCGSPro组态软件、运行环境和MCGSPro_MLink驱动、MCGS物联助手。手机客户端安装了MCGS物联助手。

准备好上述前提条件，按照添加设备驱动→设置屏端参数→注册物联助手账号→绑定设备→远程监控的步骤，即可完成水位控制工程的私有云单机监控。

任务训练

1 添加设备驱动

为了实现昆仑技创物联网触摸屏与"云端"服务器连接，首先需要添加mcgsiot设备驱动。将mcgsiot设备驱动解压包解压，获得的文件夹复制到McgsPro软件安装路径中。以McgsPro软件默认安装路径为例，mcgsiot设备驱动文件夹复制路径为"D:\McgsPro\Program\Drivers\用户定制设备"。

打开"水位控制工程"组态工程,在工作台中切换到"设备窗口"选项卡,单击"设备组态"按钮,在工具条上单击 按钮,打开"设备工具箱";单击"设备管理"按钮,打开"设备管理"对话框,在"可选设备"的"用户定制设备"中选择"mcgsiot",双击确认后,出现在"选定设备"中,单击"确认"按钮退出"设备管理"对话框,如图3-54所示。

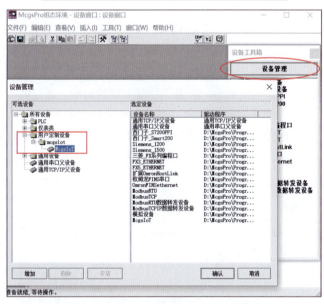

图 3-54 添加 MCGSIoT 设备组态

双击mcgsiot,打开"设备编辑窗口"对话框,对应通道名称进行连接变量设置,完成后单击"确认"按钮,弹出"添加变量"对话框,单击"全部添加"按钮,退出"设备编辑窗口"对话框,如图3-55所示。其中,通信状态:反映设备是否成功通信;服务器地址:支持域名和IP地址;端口号:默认25000,不可修改;用户名:MCGSIoT;服务器登录用户名;密码:MCGSIoT服务器登录密码;经纬度:屏端上传到云端,地图可根据经纬度显示不同的位置;编号:设备唯一序列号;密码:根据设备编号通过加密规则获取；设备二维码：用二维码构件显示，手机端扫描该二维码添加设备。

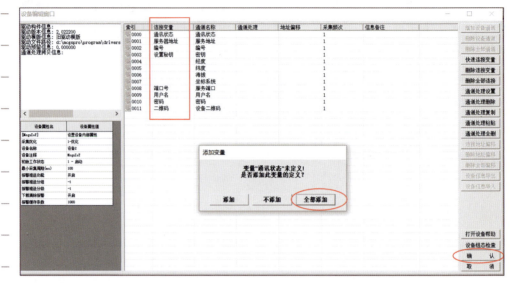

图 3-55　MCGSIoT 设备编辑窗口添加变量

▶2 设置屏端参数

在工作台中切换到"用户窗口"选项卡，单击"新建窗口"按钮，将窗口名"窗口0"改为"屏端参数配置"；双击打开"动画组态屏端参数配置"窗口，运用标签和输入框构件，完成组态及界面设计；对应每个输入框，找到实时数据库的对应数据对象进行连接，如图3-56所示。至此，组态工程基本设置完毕，通过网线或U盘（FAT32格式）将工程下载进入物联网触摸屏中。然后在触摸屏上完成参数设置，通信状态为"0"表示通信正常；服务器IP地址为"121.237.177.253"，编号和密码自动获取，端口号为"25000"，用户名为"device"，密码为"123456"，二维码自动生成。

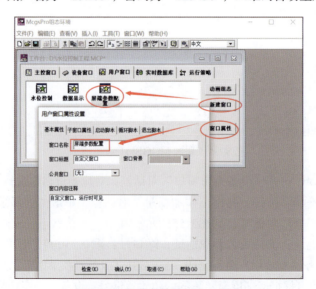

图 3-56　屏端参数配置窗口组态

图 3-56　屏端参数配置窗口组态（续）

3　注册物联助手账号

MCGS物联助手分为PC端和手机端，使用前需先进行软件安装。PC端安装软件后缀名为.exe，手机端安装软件后缀名为.apk，安装完成后打开软件，在登录窗口单击右上角齿轮图标 ，选择"设置"选项，在弹出的窗口中设置服务器IP地址：121.237.177.253，端口号：9060，如图3-57所示。然后进行注册，用户名、公司名称、密码自行设置，请提供真实手机号，收到验证码通过后才能注册成功。注册成功后返回登录窗口，输入正确用户名和密码即可登录物联助手，如图3-58所示。

图 3-57　设置服务器 IP 地址和端口号

图 3-57　设置服务器地址和端口号（续）

图 3-58　MCGS 物联助手注册

 绑定设备

成功登录 MCGS 物联助手后，接下来需完成设备绑定，即将物联网触摸屏添加到系统设备清单中，一台触摸屏只能绑定一个账号。绑定设备有两种方法：一是 PC 端手动输入绑定，二是手机端App绑定。

PC端仅支持手动添加，具体操作步骤如下：单击运维界面左上角的"+"按钮，对照之前屏端设置的参数进行手动输入，单击"确定"按钮即可绑定，如图3-59所示。

图 3-59　PC 端绑定设备

手机App绑定触摸屏又分为两种方式：

① 扫码绑定：单击左上角"+"按钮选择"扫码添加"选项，扫描组态工程中的二维码即可绑定。

② 手工绑定：与PC端绑定类似，选择"手工添加"选项，手动输入相关设置参数，单击"确定"按钮即可绑定（目前仅支持安卓系统、鸿蒙系统），如图3-60所示。

图 3-60　手机端绑定设备

5　远程监控

远程监控同样分为PC端和手机端两种。下面先介绍PC端操作：打开MCGS物联助手，选择设备，可以看到状态栏下已经绑定的设备，并处于在线状态，单击"监控"可远程查看组态运行情况；单击"VNC"，可远程对组态进行监控操作，如图3-61所示。

图 3-61　选择绑定设备连接 VNC

单击"VNC"时，会弹出MCGSVNC窗口，要求输入VNC连接密码，输入默认密码"11111111"，单击"确定"按钮，即可进入PC端远程监控界面，如图3-62所示。

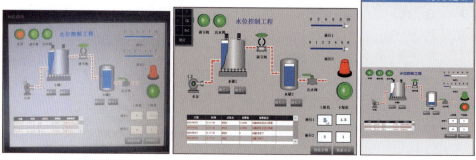

（a）现场触摸屏　　　　　（b）本地云PC监控　　　　　（c）手机监控

图 3-62　PC 端 VNC 监控界面对比

手机端操作与PC端操作类似，相关操作如图3-63所示。

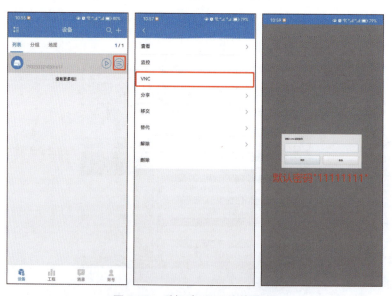

图 3-63　手机端 VNC 连接界面

6　评价

评分表见表3-8。

表 3-8 评分表

任务	评分表 _____学年	工作形式 □个人 □小组分工 □小组	工作时间/min	
	训练内容	训练要求	学生自评	教师评分
本地私有云监控	1. MCGSIoT设备组态,20分	设备组态,变量连接		
	2. 屏端参数配置组态,20分	组态界面设计,输入框变量连接		
	3. MCGS物联助手配置,20分	应用MCGS物联助手注册、登录、绑定设备等		
	4. 测试与功能,30分	通过PC端、手机端分别监控水位控制工程		
	5. 职业素养与安全意识,10分	现场安全保护;工具、器材、导线等处理操作符合职业要求;分工合作,配合紧密;遵守纪律,保持工位整洁		

学生:_____ 教师:_____ 日期:_____

练习与提高

1. 应用物联网触摸屏实现"云端"监控有哪几种方式?
2. 若要实现MCGSPro升级及物联网应用,需要哪些软件?
3. 手机MCGS物联助手App绑定触摸屏有哪两种方式?
4. 如何使用MCGS物联助手进行建立PLC数据操作?
5. 如何使用MCGS物联助手修改设备名称,以方便多个设备选择?
6. 使用物联助手软件进行监控HMI数据,出现界面不跳转,应如何解决?
7. 如何使用阿里云实现水位控制工程单机监控功能?
8. 在私有云实现水位控制后,请介绍给家人、朋友、同学观摩?
9. 在工业互联网时代,你怎么思考新技术的应用与推广?如何与新方法、新标准、新设备与时俱进?

任务7 单片机与触摸屏的水位控制工程

任务目标

(1)掌握8051系列单片机的通信原理;
(2)掌握MCGS脚本驱动开发工具的使用方法;
(3)能够使用MCGS脚本开发驱动程序;
(4)完成MCGS驱动与单片机电路的联机调试;

任务描述

某企业提出8051单片机控制电路代替PLC控制水位,单片机实时采集水位传感器

（双浮球液位开关）的状态传送给触摸屏，触摸屏根据接收的数据实时显示当前的水位状态，并根据触摸屏回传的命令控制水泵运行；水位控制工程的单片机控制电路系统组成如图3-64所示。

触摸屏实时监控显示当前的水位状况和水泵运行情况，当水位高时，水位高指示灯点亮，排水水泵运行；当水位正常时候，水位正常指示灯点亮，可通过触摸屏上的按钮启动或停止水泵运行；当水位低时，水位低指示灯点亮，进水水泵运行；若出现液位传感器异常，触摸屏报警显示。

为达到目标，完成单片机电路的软硬件设计、MCGS脚本驱动程序开发、组态界面设计和数据建立等，完成MCGS脚本开发单片机和触摸屏驱动程序及联机调试。

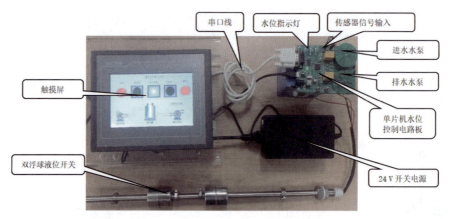

图 3-64　单片机控制电路系统组成图

任务训练

1 单片机电路设计

（1）单片机硬件电路设计

单片机采用宏晶公司STC8G1K08，该单片机采用增强型8051内核，速度比传统8051快7～12倍；超高速双串口/UART，两个完全独立的高速异步通信端口，分时切换可当3组串口使用；具有硬件看门狗和超强抗干扰。单片机水位控制电路的原理如图3-65～图3-67所示。

视频
单片机电路设计

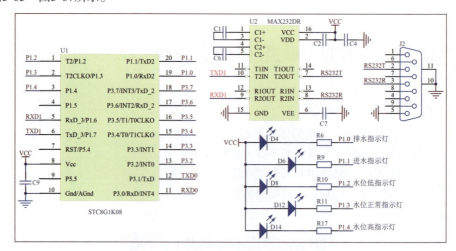

图 3-65　STC8G1K08 单片机系统原理图

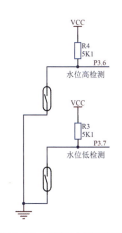
图 3-66　液位检测原理图

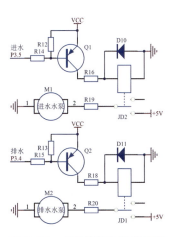
图 3-67　水泵控制电路原理图

注意：为使用在系统编程/在系统应用功能，故将单片机通信的端口设置在P1.6/RxD_3和P1.7/TxD_3端口。

（2）单片机程序设计

在通信过程中，触摸屏作为主机，单片机控制电路板作为从机，双方规定通信协议，当从机收到主机的数据并通过校验后将从机的状态发送给主机，并执行主机发送来的命令；设置串口通信参数，波特率为：9 600 bit/s，数据位：8位，停止位：1位，无校验位。从机发送数据主要如下：帧头、命令字、数据体4个字节以及"校验累加和"，共7个字节，具体见表3-9。

表 3-9　单片机水位控制电路板发送数据格式

帧　头	命令字	数据0	数据1	数据2	数据3	校　验
69H	01H	液位高状态	液位低状态	进水水泵	排水水泵	求和

根据通信协议，单片机部分通信以及控制的工作流程如图3-68所示。

 MCGS脚本驱动程序设计

编写一个MCGS脚本驱动程序，通过串口定时向单片机控制电路发送数据和命令，主要是将当前触摸屏中按钮的状态发送给单片机控制电路，单片机在收到触摸屏的命令后立即将当前采集的液位状态和水泵的运行状态回送给触摸屏。

根据通信协议，主机（触摸屏）发送数据格式如下：帧头（68H）、命令字（10H）、数据体2个字节以及"校验累加和"，共5个字节；触摸屏脚本驱动软件的程序流程图如图3-69所示，驱动程序开发步骤如下：

（1）新建脚本驱动工程及设备属性配置

① 双击MCGS脚本驱动开发工具的桌面快捷图标 ，启动MCGS脚本驱动开发工具，单击"文件"菜单中"新建（N）…"选项，进入"新建工程模式"对话框。

② 选用"使用向导新建立工程"，单击"确认"按钮后弹出"脚本驱动生成向导"对话框，设置脚本"驱动名称"为"单片机通信驱动"；设置脚本驱动的"注释说明"为"水位控制"，可忽略不设置，如图3-70所示。

③ 在图3-70中单击"步骤1：配置属性"进入"设备属性添加"对话框，如图3-71

视　频
触摸屏驱动

所示，这里采用默认的设置，单击"完成"按钮即可。

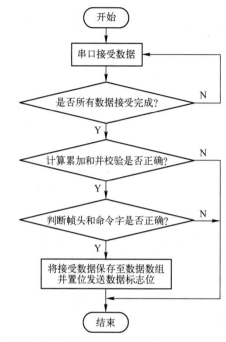

图 3-68 单片机与触摸屏串口通信流程图

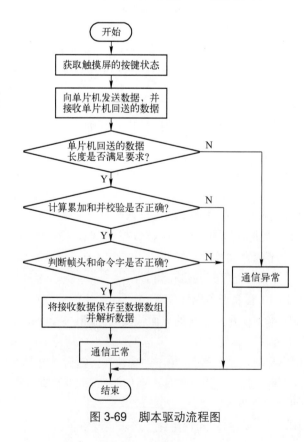

图 3-69 脚本驱动流程图

图 3-70　脚本驱动生成向导

图 3-71　设备属性添加对话框

a. 添加属性，添加除"设备地址"和"通信延时"以外的属性，当所添加属性的数据类型选择枚举型时，属性范围处填写枚举量，并用";"隔开。

b. 删除属性，对多余的属性进行删除，其中"设备地址"和"通信延时"为默认属性，不允许删除。

c. 设置属性，修改设置已添加的属性。

（2）通道设置及通道帧设置

① 在图3-70单击"步骤2：配置通道"进入"通道信息设置"对话框，这里的通道的数量是对应于传输过程中有效数据的数量，根据通信协议，本项目中通道数量为4，删除"AI05""AI06""AI07""AI08"，如图3-72所示，单击"完成"按钮关闭此对话框。

a. 添加通道，可进行批量添加操作，通道的数量主要是根据在任务中触摸屏与父设备之间交互的变量的个数来确定的。

b. 删除通道，对多余的通道进行删除，其中"通信状态"为默认通道，不允许删除。

c. 设置通道，修改设置已添加的通道，设置通道中不能修改通道个数，为了方便设计，可对通道的名称、通道类型和通道注释进行设置，如图3-73所示。

图 3-72　通道信息设置对话框

图 3-73　通道设置对话框

笔记栏

② 在图3-70中单击"步骤3：配置通信帧"进入"采集收发通信帧设置"对话框，如图3-74所示。

图 3-74　采集收发通信帧设置

a．添加收发通讯帧。

单击图3-74中的"添加收发通信帧"按钮进入"通信帧结构信息配置"对话框，如图3-75所示，这里的收发是对于触摸屏而言的，发送帧格式就是触摸屏发给单片机水位控制电路板的数据格式，回收帧格式就是单片机回发给触摸屏的数据格式。根据通信协议进行通信帧结构信息配置，前面确定的主机（发送帧）格式为：帧头"68"、命令字"10"、"进水按钮状态"、"排水按键状态"以及"校验累加和"；从机（回收帧）格式如下：帧头"69"、命令字"01"、"液位高状态"、"液位低状态"、"进水水泵"、"排水水泵"以及"校验累加和"，所以通信帧类型设置为"字节数组[HEX格式]"，发送帧格式设置为：帧头、命令体、数据体设置为2、校验；回收帧格式设置为：帧头、命令体、数据体设置为4、校验，如图3-76所示，单击"确认"按钮完成。

图 3-75　通信帧结构信息配置初始界面

图 3-76　通信帧结构信息配置界面

通信帧结构信息配置完成后，如图3-77所示，选中已经添加的收发通信帧，单击"设置收发通信帧"按钮，进入图3-78所示的"命令信息设置"对话框。

图 3-77　添加收发通信帧后界面

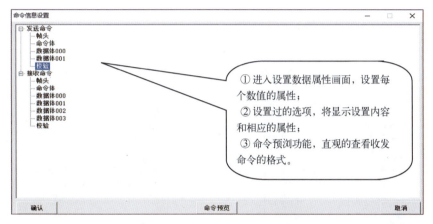

图 3-78　命令信息设置对话框

b．帧数据体配置。

在图3-78中双击"帧头"进入"帧数据体设置"对话框，如图3-79所示，在通信帧结构信息配置中数据类型已设置为字节数据[HEX格式]，不可修改；数据值设置中数据长度设置为1数据单位；数据内容设置为"68"；选择"是否参与校验"复选框，如图3-80所示，单击"确认"按钮完成"帧头"配置。

在图3-78中双击"命令体"进入命令体"帧数据体设置"对话框，数据类型已设置为字节数据[HEX格式]；数据值设置中数据长度设置为1数据单位；数据内容设置为"10"；选择"是否参与校验"复选框，如图3-81所示，单击"确认"按钮完成"命令体"配置。

在图3-78中双击"数据体000"进入数据体"帧数据体设置"对话框，数据类型已设置为字节数据[HEX格式]；数据值设置中数据长度设置为1数据单位；数据内容设置为"00"；选择"是否参与校验"复选框，如图3-82所示，单击"确认"按钮完成"数据体000"配置；同样的方法设置"数据体001"。

在图3-78中双击"校验"进入校验"帧数据体设置"对话框，数据类型已设置为字节数据[HEX格式]；数据值设置中数据长度设置为1数据单位；数据内容设置为空；取消选择"是否参与校验"复选框，选择"校验方式"单选按钮并设置为"求和检验"，如图3-83所示。

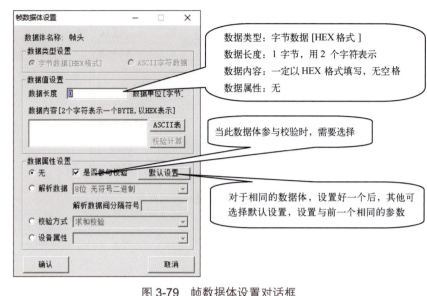

图 3-79 帧数据体设置对话框

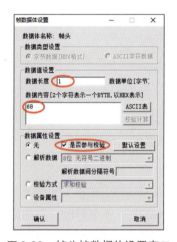

图 3-80 帧头帧数据体设置窗口

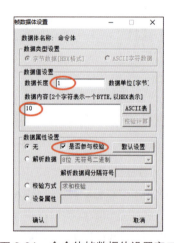

图 3-81 命令体帧数据体设置窗口

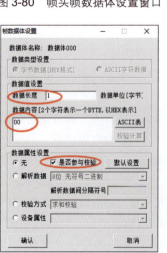

图 3-82 数据体帧数据体设置对话框

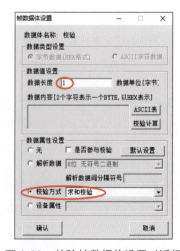

图 3-83 校验帧数据体设置对话框

在图3-83所示的校验"帧数据体设置"对话框中,单击"校验计算"按钮,即可看到校验结果,如图3-84所示。如果命令中的数据都是确定的,那么可以直接计算出校验值。

图 3-84 校验结果输出对话框

所有的命令信息帧设置完成后,单击图3-85中的"命令预览"按钮,进入图3-86所示的收发命令格式预览对话框。检查无误后,单击"命令信息设置"对话框的"确认"按钮,返回采集收发通信帧设置对话框,然后单击"完成配置"按钮结束通信帧配置。

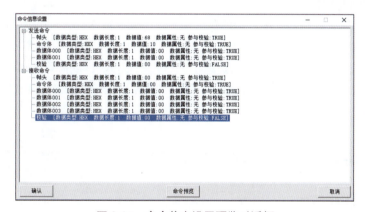

图 3-85 命令信息设置预览对话框

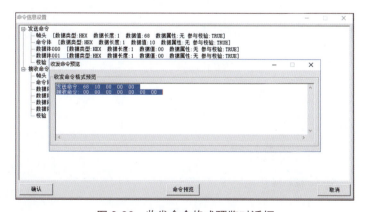

图 3-86 收发命令格式预览对话框

③ 在图3-70中单击"步骤4:配置预览"可以进入"配置预览"对话框,在此预览通道和解析数据的匹配关系,并检查配置是否正确,如果正确就可以,完成配置生

成驱动,否则不完成配置生成代码。正确的通道解析配置预览状况,如图3-87所示。

图 3-87 通道解析配置预览对话框置

在所有的配置都完成后,单击图3-70中的"设置完成"按钮进入脚本代码编辑界面。

(3)驱动程序编写及调试

① 驱动软件编写。

在图3-88所示的对话框中,主要包含通道定义和变量索引、发送命令帧并接收数据、对接收数据进行校验、对接收的数据进行解析,通信状态检测等几部分。在此过程中,需要根据设计需要进行通道的增加、程序的修改,本任务添加了"KEY1"、"KEY1"通道,用于触摸屏中"进水"按钮和"排水"按钮的状态传送,"CHGQ"通道用于液位传感器状态传送。在图3-88的程序编辑窗口中修改脚本程序并保存全部文件。

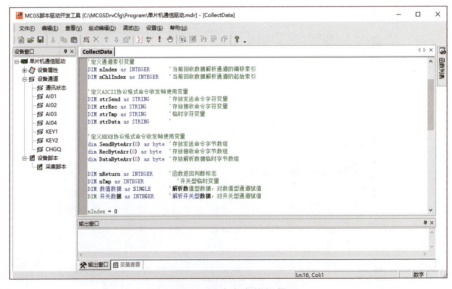

图 3-88 驱动脚本编辑界面

② 编译生成的代码。

选择"调试"菜单中的"检查整个驱动"命令,若没有问题,输出窗口会提示

"设备编辑检查通过"。

③ 联机调试。

a. 配置脚本驱动中的串口参数。

将单片机水位控制电路板通过串口线与计算机连接,在图3-88所示的脚本驱动设计界面中选择"设置"菜单中的"串口父设备配置"命令,弹出"串口参数配置"对话框,如图3-89所示。根据设备管理器的端口查看到使用串口号:COM4,与单片机水位控制板中的串口参数设置一致,波特率为:9 600 bit/s,数据位:8位,停止位:1位,校验方式:无校验。

图 3-89　串口设置对话框　　　　图 3-90　脚本驱动调试窗口

b. 调试运行。

在图3-88所示的脚本驱动设计界面中选择"调试"菜单中的"定时通道采集"命令进行调试,通过改变液位传感器的状态,观察AI01、AI02、AI03、AI04当前值得是否有变化,如图3-90所示,观察对应通道中当前值的变化情况,若有变化则表示成功,否则需要检查修改驱动脚本程序或设置。

④ 脚本驱动开发成功后,将"单片机通信驱动.mdr"复制到"MCGSE\Program\Drivers\用户定制设备"文件夹中,并用MCGS脚本驱动开发工具打开。

3 组态设计

使用组态软件设计一个水位工程用户窗口,在窗口中通过指示灯指示当前的水位状态,水泵反映当前的水泵工作情况,并能够显示当前水位传感器的状态,同时能通过按钮对水泵进行控制。组态画面需要包含以下要素才能实现全部控制功能,主要有进水按钮、排水按钮、水位高指示灯、水位正常指示灯、水位低指示灯、进水水泵、排水水泵、储水罐、液位传感器状态指示动画显示构件。

视频
组态界面

（1）设备组态

① 在工作台中激活设备窗口,进入设备组态画面,单击 按钮,打开"设备工具箱"。

② 单击"设备管理"按钮进入"设备管理"对话框,将用户定制设备中的"单片机通信驱动"增加到选定设备中,如图3-91所示。

③ 在设备工具箱中,先后双击"通用串口父设备"和"单片机通信驱动"添加至

组态画面窗口。

④ 在"设备组态：设备窗口"中双击设备"单片机通信驱动0--[单片机通信驱动]"，进入"设备属性设置"对话框，切换到"通道连接"选项卡，根据通道类型作用、通信协议和数据进行"对应数据对象"的设置，如图3-92所示。

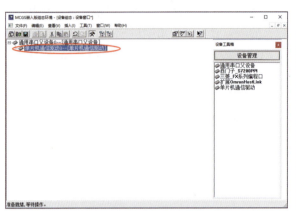
图 3-91 添加子设备

图 3-92 设备属性设置

（2）用户组态

根据所学知识绘制图3-93所示的水位控制工程触摸屏用户界面窗口。

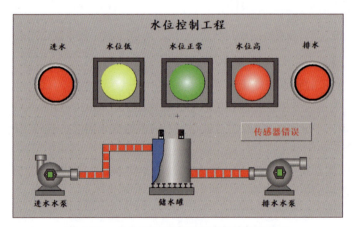
图 3-93 水位控制工程触摸屏用户窗口界面

（3）单元属性设置

① 按钮单元属性设置。

在动画组态窗口中双击"进水"的对象元件，进入"单元属性设置"对话框，如图3-94所示。单击"数据对象"标签，选中编辑内容，单击 ? 按钮，弹出"变量选择"对话框，选择"从数据中心选择|自定义"单选按钮，单击"对象窗口"中的"强制进水按钮"添加到"选择变量"中，如图3-95所示。

图 3-94 按钮单元属性设置

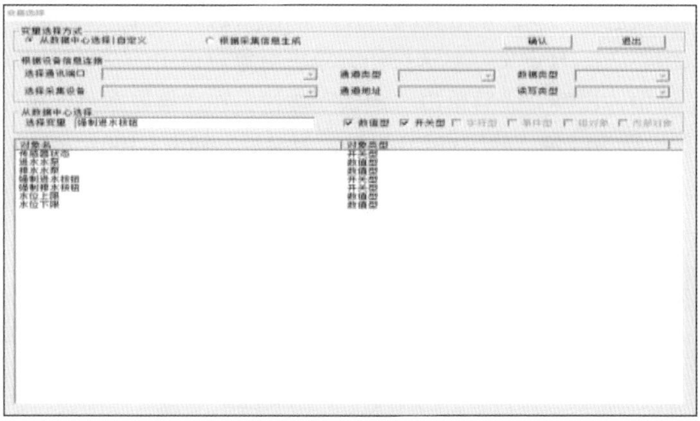

图 3-95　变量选择对话框

在图3-94中单击"动画连接"标签，选中编辑内容，单击按钮，弹出"动画组态属性设置"对话框，在"按钮动作"中选择"数据对象值操作"复选框，按钮的功能设置为"取反"，变量选择为"强制进水按钮"，如图3-96所示。

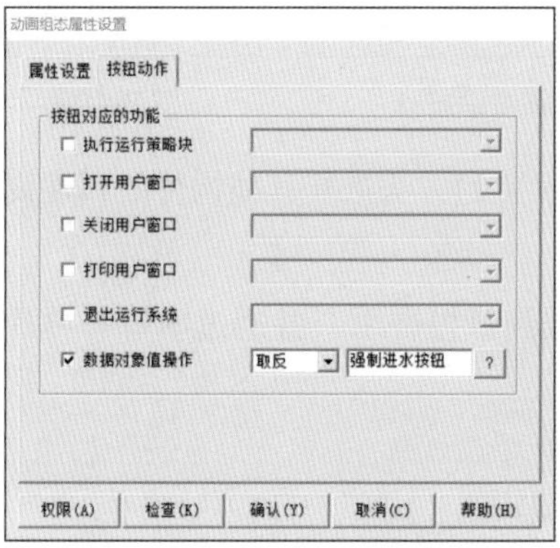

图 3-96　按钮动作设置

在"动画组态属性设置"对话框中单击"属性设置"标签，如图3-97所示。在"颜色动画连接"选项组中选择"填充颜色"复选框，此时多出一个"填充颜色"标签，如图3-98所示。

图 3-97　属性设置对话框 　　　　图 3-98　选择填充颜色效果图

单击"填充颜色"标签,如图3-99所示,单击?按钮,弹出"变量选择"对话框,选择"从数据中心选择|自定义"单选按钮,单击对象窗口中的"强制进水按钮"添加到"选择变量"中,设置完成后单击"确认"按钮;在"填充颜色连接"设置窗口中将分段点"0"设置为红色,分段点"1"设置为绿色,如图3-100所示。

参照进水按钮的单元属性设置方法设置排水按钮。

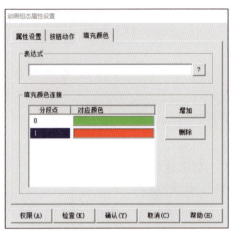
图3-99 填充颜色设置对话框1

图3-100 填充颜色设置对话框2

② 按照按钮单元属性设置的方法进行其他构件的属性设置

 调试运行

通过U盘将功能包下载到触摸屏中,并通过串口与单片机控制电路连接,检测各项功能是否正常。

(1) 工程下载到触摸屏

① 通用串口设备属性编辑。

在工作台中打开设备窗口,在"设备组态:设备窗口"中双击"通用串口父设备0—[通用串口父设备]",弹出"通用串口设备属性编辑"对话框,单击"基本属性"标签,设置串口端口号(0~255)为"0-COM1"。

② 制作下载文件。

单击工具条中的下载按钮,再单击"制作U盘综合功能包"按钮,弹出"U盘功能包内容选择对话框",在功能包路径中选择一个FAT32格式的U盘后单击"确定"按钮,提示成功后取出U盘。

③ 程序更新。

将U盘插入触摸屏的USB接口,通电启动触摸屏,根据提示将用户工程更新至触摸屏。

④ 实验调试。

用串口连接线将触摸屏和水位控制单片机电路连接,改变液位传感器的状态,查看各个指示灯和水泵状态是否正常,在液位正常的情况下,分别按下进水和排水按钮,查看对应的水泵工作是否正常。

完成后进行调试运行。

5 评价

评价表见表3-10。

表 3-10 评分表

任务	评 分 表 _____学年		工作形式 □个人 □小组分工 □小组	工作时间/min _____	
	训练内容及配分		训练要求	学生自评	教师评分
单片机与触摸屏的水位控制工程	1. 单片机软硬设计，30分		单片机硬件电路是否正确；软件设计是否正确		
	2. MCGS驱动脚本开发，40分		MCGS脚本驱动的属性配置；通道配置；通信帧配置；函数的使用方法；脚本驱动与单片机电路的联机调试方法		
	3. 组态动画连接，10分		按钮、指示灯、水泵、水罐等连接是否正确；运行是否准确		
	4. 测试与功能，10分		单片机电路与触摸屏通信是否正常；状态显示与控制是否正常		
	5. 职业素养与安全意识，10分		现场安全保护；工具、器材等处理操作符合职业要求；分工合作，配合紧密；遵守纪律，保持工位整洁		

学生：_____ 教师：_____ 日期：_____

练习与提高

1. 在单片机电路与触摸屏通信过程中有哪些设置需要注意？
2. 如何设置脚本驱动程序中通道的数量？
3. 脚本驱动开发过程中，配置通信帧的具体步骤和具体注意事项有哪些？
4. 如何在线调试脚本程序？
5. 若改变数据校验方式，脚本驱动程序如何设计？
6. 使用单片机替代PLC开发模块二的工程项目。
7. 比较单片机、PLC开发工程项目的优缺点？
8. 用单片机替代项目之中PLC的控制功能。

笔记栏

注释

筚路蓝缕，栉风沐雨

出自《左传·宣公十二年》：训之以若敖、蚡冒筚路蓝缕，以启山林；《庄子·天下》：沐甚雨，栉疾风。

意为：能在艰苦条件下艰苦奋斗，风雨兼程辛勤奔波。

践悟

立身靠信，立业靠勤，立世靠才，立功靠拼。奋斗是新时代劳动者最美的姿态，新时代是一个呼唤工匠精神的时代。干一行：选择自己的职业，有志竟成。爱一行：培养工作的兴趣，行稳致远。精一行：精于工、匠于心、品于行，一心一意方成硕果累累。

模块四 高手篇
筚路蓝缕，栉风沐雨

项目4 "触摸屏+PLC+变频器"监控工程

【导航栏】中国的技术革新、制造革新非常活跃，已经走在世界前列，近年来更是持续创新，突破"卡脖子"难题，逐渐引领世界制造业的发展。

勇于尝试国产新技术，从制造大国迈向制造强国的关键是创新引领；创新引领的关键是产业人才。立足数字化，"软硬"兼施，全力打造全产业链的智能制造。工业软件赋能制造业，从而使制造网络化、协同化，使装备有思想、更智能。

▶ 任务1 液位PID控制

任务目标

（1）了解液位控制工程及 PID 控制要求；
（2）能够组态 PID 控制工程；
（3）能够完成 PID 参数虚拟仿真调节。

任务描述

液位控制是生产生活中比较常见的问题，例如污水处理、饮料行业、农业灌溉、化工冶金等行业的生产制造过程中都有不同程度涉及。通过液位检测和控制，了解液体的质量和体积，合理调节容器内所盛液体供需平衡，保证工业生产各环节液位物料科学合理搭配。现在通过触摸屏可以实时监控和掌握容器的液位情况，保证产品质量和数量。

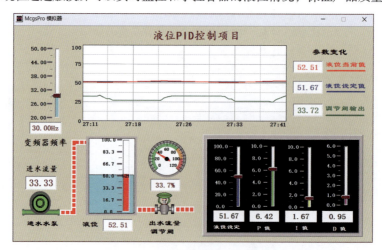

图 4-1 液位 PID 控制组态设计

企业需要根据单容水箱液位和进水量情况，调节出水阀流量来实现对液位的快速稳定控制。具体要求为：设定水箱液位值，使液位较快达到稳定；其中进水流量是调节干扰参数之一，调节进水水泵流量后，液位也能快速达到稳定。在水箱液位和进水流量设定后，合理设置控制参数，调节出水阀流量，使得水箱液位快速实现动态平衡。液位控制工程组态完成后，运行效果如图 4-1 所示。

任务训练

在自动化工程实际中，应用最为广泛的调节器控制规律为比例、积分、微分控制，简称 PID 控制，又称 PID 调节。PID 控制器就是根据系统的误差，利用比例、积分、微分计算出控制量进行控制的。PID 控制器结构简单、稳定性好、工作可靠、调整方便，是工业控制的主要技术之一。当被控对象的结构及参数不能完全掌握，或得不到精确的数学模型，控制理论的其他技术难以采用时，系统控制器的结构和参数必须依靠经验和现场调试来确定，这时应用 PID 控制技术最方便、最适合。

本任务主要完成水箱液位控制系统组态画面设计、PID 控制策略脚本程序的编写、模拟仿真调试，通过手动改变相关调节参数，进一步优化控制曲线，使控制系统具有良好的动态和稳态性能。触摸屏是新一代高科技人机界面产品，适用于现场控制，其可靠性高，编程简单，使用维护方便。在 PID 系统中提高了整个被控系统以及企业的自动化程度和硬件档次，实现了整个被控系统自动化程度的质的飞跃。

1 系统组成

本任务主要由 MCGS 触摸屏、变频器、水泵（进水流量）、比例调节阀（出水流量）、液位传感器等构成，通过调节变频器频率，改变水泵进水流量的大小，考虑到进水水泵的启动运行，变频器的输出频率调节范围为 20～50Hz；通过液位传感器检测液位变化，并将液位信号转换为标准模拟电信号，通过 A/D 转换为数字量，经组态策略程序对输入实时信号采样、滤波，与液位设定值比较后进行 PID 运算输出操作量，再经 D/A 转换为模拟电信号输出从而控制电动调节阀开度，进而达到调节水位平衡的目的。

2 组态设计

新建"液位 PID"窗口，设计绘制用户界面如图 4-2 所示。

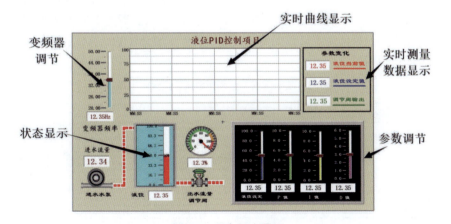

图 4-2 用户组态界面

3 数据库及数据连接

PID 控制器通过各校正环节的不同作用,控制偏差向着减小变化趋势的方向变化。

由于计算机(触摸屏)根据采样时刻的偏差值计算控制量,因此,采用离散化采样处理的 PID 数字控制算法。数字 PID 控制包括位置式 PID 控制系统和增量式 PID 控制系统两种。根据任务实际需要和获得较好控制效果而采用增量式 PID 控制,图 4-3 所示为增量式 PID 液位控制系统框图。

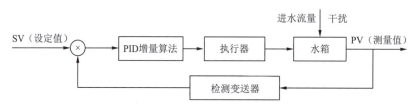

图 4-3 增量式 PID 液位控制系统框图

反馈回路的检测变送器主要用来检测测量值 PV 的模拟量的变化情况,经过 A/D 转换,控制程序对测量值 PV 采样、滤波已经计算等处理后与设定值 SV 比较,再进行 PID 增量算法运算后输出调节量,最后经 D/A 转换为模拟信号调节执行器,从而达到调节水位平衡的目的。其算法表达式为

$$\Delta u(k) = K_P[e(k)-e(k-1)]+K_I e(k)+K_D[e(k)-2e(k-1)+e(k-2)] \tag{1}$$

式中

$\Delta u(k)$——PID 输出增量值;

$e(k)-e(k-1)$——比例环节;

$e(k)$——积分环节;

$e(k)-2e(k-1)+e(k-2)$——微分环节;

K_P——比例系数;

$K_I=K_P*T/T_i$——积分系数;

$K_D=K_P*TD/T$——微分系数。

根据以上算式可以得出,控制增量 $\Delta u(k)$ 的确定仅与最近三次的采样值有关,当确定好计算机控制系统的采样周期 T、设定了 K_P、K_I 和 K_D,只要使用前后三次测量值的偏差,即可由式(1)求出控制增量。数据变量是构成实时数据库的基本单元,建立实时数据库的过程即是定义数据变量的过程。依据增量式 PID 算式,PID 液位控制系统数据库规划见表 4-1。

表 4-1 实时数据库数据对象属性设置对应表

序号	对象名称	对象类型	对象初值	对象注释
1	Out_Cal	浮点数	0	PID 计算出的输出增加值(对应公式 1 中 $\Delta u(k)$)
2	Out_Ctl	整数	0	调节方向
3	OutPut_Max	浮点数	80	超调时输出
4	ParD_Set	浮点数	0.9500	微分系数 D(对应公式 1 中 K_D)
5	ParI_Set	浮点数	1.6700	积分系数 I(对应公式 1 中 K_I)

续表

序 号	对象名称	对象类型	对象初值	对象注释
6	ParP_Set	浮点数	6.4200	比例系数 P（对应公式 1 中 Kp）
7	PV_Range	浮点数	1.0	PV 值的量程
8	Pvdx_Current	浮点数	0.0	本次调控时 SV 和 PV 值的差值（对应式（1）中 $e(k)$）
9	Pvdx_Last	浮点数	100	上次调控时 SV 和 PV 值的差值（对应式（1）中 $e(k)-e(k-1)$）
10	Pvdx_Sum	浮点数	100	调控过程中 SV 和 PV 值的差值的累计和（对应式（1）中 $e(k)-2e(k-1)+e(k-2)$）
11	Slid_In	整数	0	进水流动块控制
12	Slid_Out	整数	0	出水流动块控制
13	T_Ctrl	浮点数	0.1	调节周期，和设备的采样周期相同（单位：s）
14	V_Cal	浮点数	0.0	计算的水位值
15	V_Max	浮点数	100.0	液位值上限
16	V_Min	浮点数	0.0	液位值下限
17	V_Measure	浮点数	0.0	测量值
18	V_Set	浮点数	75.0	液位设定值
19	Vmax_set	浮点数	100.0	调节最大范围
20	Vmin_set	浮点数	0.0	调节最小范围
21	Freq	浮点数	30.00	变频器频率（进水量与之关联）
22	Water_Out	浮点数	0.0	出水流量

选择工作台中的"实时数据库"选项卡，切换到实时数据库管理界面，如图 4-4 所示；单击"新增对象"按钮添加数据对象，如图 4-5 所示；双击新增的数据对象或单击【对象属性】按钮进行数据对象属性设置，如图 4-6 所示；以进水量为例进行数据的添加和属性设置，将"对象名称"设置为"FreQ"，"对象初值"设置为"30.00"，"对象类型"设置为"浮点数"，"对象注释"标注为"变频器频率"，如图 4-7 所示，单击"确认"按钮完成了一个数据对象的添加。

图 4-4　实时数据库界面

按照上述添加变频器频率数据对象的方法进行实时数据库数据对象属性设置对应表中其他数据的添加和属性设置，创建完成后的实时数据库如图 4-8 所示。

图 4-5　添加数据对象界面

图 4-6　数据对象属性设置界面

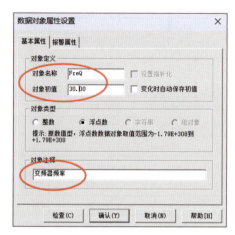

图 4-7　进水量数据设置界面

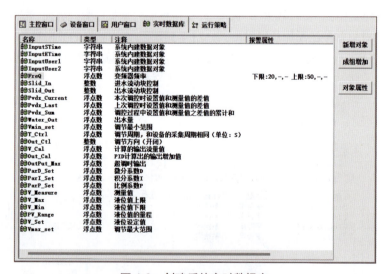

图 4-8　创建后的实时数据库

将创建的实时数据和用户界面中的构件属性进行关系对应连接设置，这里以百分比填充构件为例。双击进入"百分比填充构件属性设置"对话框，切换到"操作属性"选项卡，单击"表达式"栏的?按钮，弹出"变量选择"对话框，如图 4-9 所示；在"变量选择"对话框中添加变量为"V_Measure"，如图 4-10 所示。

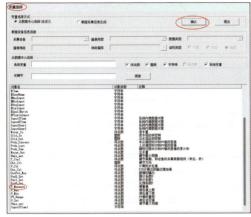
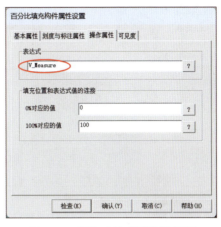

图 4-9　变量选择界面　　　　　图 4-10　添加表达式后的效果图

按照上述方法将表 4-1 中其他实时数据库数据与图 4-2 用户组态界面中的构件属性进行关系对应连接设置。

4 运行策略设计

"运行策略"是用户为实现对系统运行流程自由控制所组态生成的一系列功能块的总称。运行策略通过图形化界面和编写的脚本程序来实现对系统运行流程及设备的运行状态进行有针对性选择和精确控制。在工作台中切换到"运行策略"选项卡,如图 4-11 所示,MCGS 运行策略窗口中"启动策略"、"退出策略"、"后台任务"为系统固有的三个策略块。另外,还有用户策略、循环策略、报警策略、事件策略、热键策略等由用户根据需要自行定义,每个策略都有自己的专用名称,MCGS 系统的各个部分通过策略的名称来对策略进行调用和处理。

视频 运行策略设计

图 4-11　MCGS 组态运行策略窗口　　　图 4-12　选择策略的类型对话框

单击图 4-11 中的"新建策略"按钮,进入"选择策略的类型"对话框,如图 4-12 所示,选中"循环策略",单击"确定"按钮,在工作台中的"运行策略"选项卡中右击新建的策略 1,在弹出的快捷菜单中选择"属性"命令,弹出"策略属性设置"对话框,如图 4-13 所示,修改"策略名称"为"PID 控制","策略执行方式"选择"定时循环执行,循环时间(ms):"单选按钮,值设置为 100。

图 4-13 策略属性设置   图 4-14 策略属性设置

双击"运行策略"选项卡中新建的"PID 控制"策略,进入"策略组态"设计,如图 4-14 所示,在图中的"循环策略"图标上右击,如图 4-15 所示,在弹出的快捷菜单中选择"新增策略行"命令,效果如图 4-16 所示。

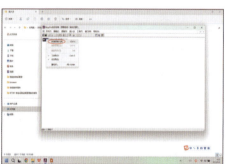

图 4-15 新增策略行   图 4-16 新增策略行效果

在图 4-16 中双击"脚本程序"图标,打开"脚本程序"编辑窗口,输入下列程序,如图 4-17 所示。

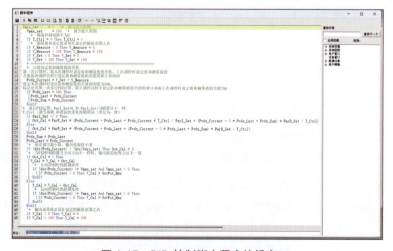

图 4-17 PID 控制脚本程序编辑窗口

按照"PID 控制"策略创建的方法再创建一个"液位计算"策略,液位计算脚本程序编辑窗口如图 4-18 所示。

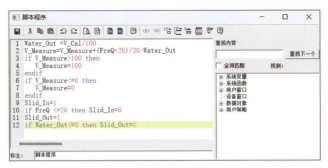

图 4-18　液位计算脚本程序编辑窗口

5　模拟调试运行

① 单击工具栏中的组态检查按钮，进行检查，直至没有错误。

② 进入模拟运行界面，如图 4-19 所示，可以通过改变设定进水流量、水位值、PID 参数等观察曲线和调节阀输出的变化情况。

视　频
模拟调试
运行

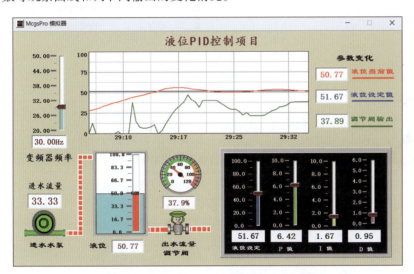

图 4-19　液位 PID 控制项目模拟运行效果图

③ 根据表 4-2 完成液位 PID 控制调节，体会 P、I、D 参数对系统的影响；自行设计五组 PID 参数进行控制调试，找出控制调试性能较好的 PID 参数。

表 4-2　液位 PID 控制调试表

序号	液位设定值	液位测量值	进水流量	P 值	I 值	D 值	液位测量值达到设定值的时间
1							
2							
3							
4							
5							

笔记栏

 评价

评分表见表 4-3。

表 4-3 评分表

任务	评分表 _____学年 训练内容	工作形式 □个人 □小组分工 □小组 训练要求	工作时间 /min _____ 学生自评	教师评分
液位PID控制	1. 窗口组态设计，25 分	组态界面设计，流量过程控制组态设计，实时曲线组态，窗口组态		
	2. 实时数据库的添加与连接，15 分	正确设置对象名称、对象类型、对象初值；正确将组态构件与数据对象连接。		
	3. 运行策略设计，30 分	编写 PID 控制运行策略脚本；编写水位计算策略脚本		
	4. 模拟调试与功能，20 分	快速设定 PID 值；实时曲线展示功能		
	5. 职业素养与安全意识，10 分	现场安全保护；工具、器材、导线等处理操作符合职业要求；分工合作，配合紧密；遵守纪律，保持工位整洁		

学生：_____ 教师：_____ 日期：_____

练习与提高

1. 查阅资料，了解 PID 参数在控制工程中的应用。
2. 液位控制工程是如何实现 PID 调节的？
3. 如何提高运行策略设计的效率？
4. 根据本任务液位 PID 控制，设计一个温度 PID 控制。
5. 使用 PLC 的 PID 指令，完成该任务。
6. 请在云平台完成该任务。

任务2　物料混料系统配方控制工程

 任务目标

（1）掌握物料混料系统触摸屏配方组态；
（2）掌握配方加载编辑触摸屏组态；
（3）掌握 PLC 的配方加载和保存方法；
（4）完成触摸屏、PLC 配方调试运行。

任务描述

在医药、食品、化工、炼油、建筑等工业制造领域中，多种物料混合在一起并发生反应是一种常见的工艺流程。某企业要求将三种液体物料 A、B、C 在旋转混合机容器内进行混合搅拌，要求按照一定比例进行混合生产不同产品，具体工艺要求如下：①打开进料阀 A、B、C，液料从进料阀门注入。②进料时间各自控制，自动关闭进料阀门 A、B、C。③容器内的搅拌电动机搅拌液料，混料时间到后停止。④搅拌结束后，打开排料阀，混合液料注出。三种物料进料时间和混料时间可设计为配方控制，由触摸屏或 PLC 完成对三种物料的混料配方控制。

配方是生产工艺过程有关的所有参数的集合。通过触摸屏或 PLC 选择不同配方来生产不同的产品，只需简单的操作，即可集中、同步地将更换品种时所需的全部参数以数据记录的形式，进行 HMI 设备与 PLC 的相互传送。减少了切换生产产品时的误操作和配料错误率，提高产品质量。使用配方，操作人员可以通过 HMI 人机界面上的配方视图编辑配方数据记录。如果不使用配方，在改变产品的品种时，操作人员需要时刻记住配方参数的数值，在触摸屏画面输入，再将这些参数载入 PLC 的存储区。然而有些工艺过程的参数复杂繁多，在改变工艺时如果每次都输入这些参数，既浪费时间，又增大了误操作的风险。另外，仅使用 PLC 寄存器不能直观地显示配方参数数据，而触摸屏的配方功能则很适合人机交互。物料混料系统配方工程界面如图 4-20 所示。

图 4-20　物料混料系统配方工程界面

🐼 任务训练

1 触摸屏配方功能解释

触摸屏配方功能解释具体如下：

① 增加：在组态界面中，将操作人员在配方变量中改变的当前值作为数据记录保存到 HMI。

② 拷贝：在组态界面中，将当前选定的配方变量数值进行拷贝。

③ 存盘：在组态界面中，将给定的配方数据记录从 HMI 设备的存储介质装载到配方变量中。可使用该系统函数在配方画面中显示配方数据记录。

④ PLC 读取配方：将所选配方号的数据从 PLC 传送到触摸屏操作界面上。

⑤ PLC 保存配方：可通过设置该功能，把触摸屏界面上输入的配方数据存储到 PLC 中。PLC 配方变量和配方视图中都包含当前新的配方值。

2 实时数据库组态

在实时数据库中新建变量,变量名称和类型参考图 4-21 所示,每一组配方内,需要存储的"配方数量"预设为 4 个,分别为料种 A、料种 B、料种 C 和混料时间。

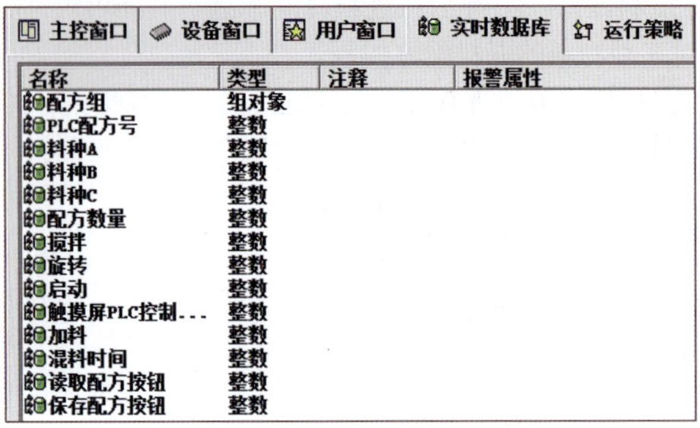

图 4-21 数据库变量名称及类型

3 触摸屏配方组态设计

（1）触摸屏配方设置

单击 MCGSPro 软件主菜单上的"工具（T）"选项,单击"配方组态设计",在弹出的窗口中单击"文件"选项,选择"新增配方组"命令,右键单击配方组改名:物料混料。单击增加一行配方,"变量名称"为料种 A,"配方名称"为"料种 A 数值",如图 4-22 所示。料种 B、料种 C 和混料时间参照前面进行设置。

图 4-22 混料系统配方组设置

触摸屏加载和编辑配方设置:从工具箱中选择 3 个"标签"、3 个"输入框"和 1 个"标准按钮"。3 个"标签"分别为"料种 A"、"料种 B"和"料种 C"。3 个"输入框"分别连接"料种 A"、"料种 B"和"料种 C"的数据变量,参考图 4-23 所示。双击打开"标准按钮",在"基本属性"的文本框中输入:"触摸屏加载和编辑配方"。单击该按钮的脚本程序栏,输入脚本程序:!RecipeLoadByDialog(" 物料混料 "," 配方选择 "),如图 4-24 所示。

（2）触摸屏动画组态设计

从工具箱中选择1个"标签"为混料时间，选择1个"输入框"，关联实时数据库中"混料时间"数据。

图 4-23 "料种 A" 输入框连接

图 4-24 加载和编辑配方脚本设置

触摸屏/PLC 切换控制按钮设置：在工具箱中选择"动画按钮"，变量属性为布尔操作，关联实时数据库中"触摸屏/PLC 控制切换"数据。

启动按钮设置：在工具箱中选择"标准按钮"，在数据对象值操作属性中，对"启动"数据进行取反操作。

在"插入元件"的图库列表类型选择"公共图库"，在储藏罐图库中，分别选择"罐 47"和"罐 53"。"罐 53"存储显示三种物料的液位高低，连接表达式分别为：料种 A、料种 B、料种 C。

在反应器图库中，选择"反应器 12"，右击"反应器 12"，在弹出的快捷菜单中选择"排列"命令，再选择分解单元。"反应器 12"分解后，对内部的两种旋转叶片进行复制和粘贴，右击新的叶片，在弹出的快捷菜单中依次选择"排列""旋转""右旋 90 度"命令，最终在 8 个方向形成四组叶片，如图 4-25 所示。最后，全选"反应器 12"，右击，在弹出的快捷菜单中选择"排列""合成单元"命令。

图 4-25 反应器叶片

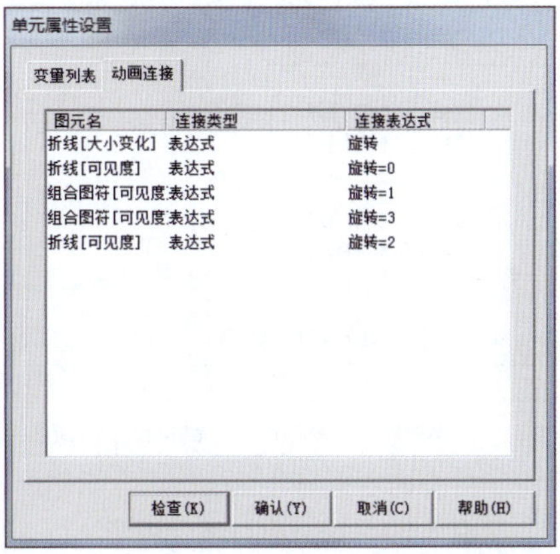

图 4-26 反应器变量关联

反应器"单元属性设置"的"动画连接"如图 4-26 所示,"折线 [大小变化] "的连接表达式是旋转变量,"大小变化"的"动画组态属性设置"如图 4-27 所示。

图 4-27　大小变化动画设置

图 4-28　料种 A 流动快设置

流体绘制:在工具箱中选择"流动块","流动快"连接出料口和罐体,再连接罐体到反应器上端,料种 A 的"流动块"流动属性表达式为:料种 A=0,"当表达式非零时"中选择"流块停止流动"单选按钮,如图 4-28 所示。料种 B 和料种 C 的"流动块"流动属性表达式参照料种 A 进行设置。

(3)触摸屏动画脚本程序设计

物料混料脚本程序设计分两部分完成,一部分为用户窗口动画显示的循环脚本,另一部分为运行策略窗口的运行控制脚本。

① 用户窗口脚本程序设计:主要实现物料加料的动画和搅拌运行时的动画。用户窗口属性设置如图 4-29 所示,加料及搅拌旋转的动画脚本参考图 4-30 所示。

图 4-29　用户窗口属性设置

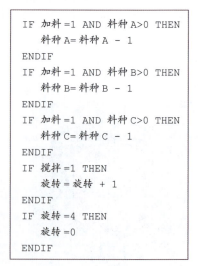

图 4-30　用户窗口动画运行脚本

② 运行策略脚本程序设计:在"运行策略"窗口新建策略,选择"循环策略",

循环策略的循环执行时间为 100 ms，表达式条件为"触摸屏/PLC 控制切换"非 0 时条件成立。该循环策略的脚本程序分两块内容：一是启动运行后的加料控制，如图 4-31 所示；二是加料完成后的搅拌运行控制，如图 4-32 所示。

```
IF 启动 =1 THEN
    搅拌 =0
    加料 =1
ENDIF

IF 加料 =1 AND 料种 A=0 AND
料种 B=0 AND 料种 C=0 THEN
    搅拌 =1
    加料 =0
ENDIF
```

图 4-31　加料控制脚本程序

```
!TimerSetLimit(1,混料时间,1)
IF 搅拌 =1 THEN
    !TimerRun(1)
    IF !TimerState(1)=3 THEN
        搅拌 =0
        启动 =0
    ENDIF
ENDIF
IF 启动 =0 THEN
    搅拌 =0
    旋转 =0
    加料 =0
    !TimerReset(1,0)
ENDIF
```

图 4-32　搅拌运行脚本程序

4 虚拟运行

下载运行，测试配方的选择和编辑是否正常，测试触摸屏组态动画是否正常，如图 4-33、图 4-34 所示。

图 4-33　配方选择和编辑

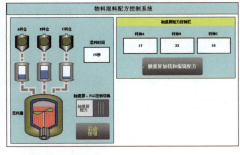

图 4-34　加料过程中

5 PLC配方设计

（1）PLC 配方组态设计

PLC 保存和读取配方设置：从工具箱中选择 4 个"标签"、4 个"输入框"和 2 个"标准按钮"。4 个"标签"分别为"选择配方号""料种 A""料种 B""料种 C"。4 个"输入框"分别连接"PLC 配方号""料种 A""料种 B""料种 C"这 4 个实时数据库中的变量，如图 4-35 所示。PLC 配方保存按钮设置数据对象值操作为"按 1 松 0"，连接的实时数据库变量根据采集信息生成，类型为 M 辅助寄存器，通道地址为 100，如图 4-36 所示。PLC 配方读取按钮参照 PLC 配方保存按钮进行设置，M 辅助寄存器的通道地址改为 101。

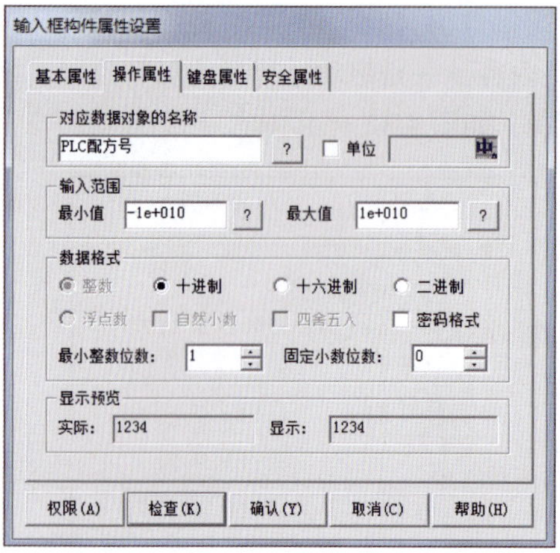

图 4-35　PLC 配方号输入框设置 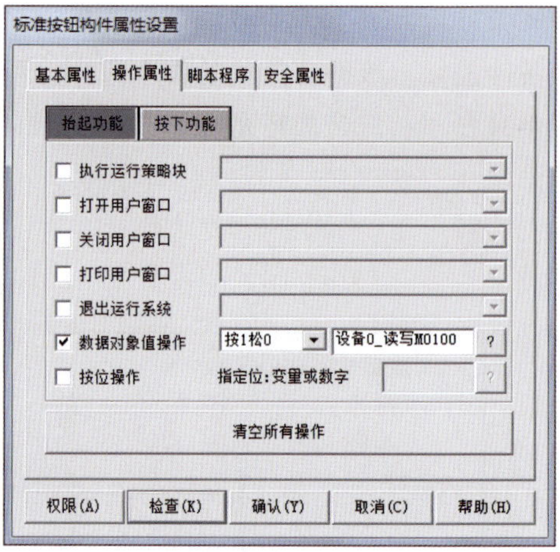　　　　图 4-36　PLC 配方保存按钮属性设置

（2）PLC 配方程序设计

① PLC 中需要存储的数据："料种 A 数值""料种 B 数值""料种 C 数值""混料时间" 4 个变量，变量均采用 32 位数据存储器。触摸屏上输入以上 4 个数值时，保存在 PLC 中 D100 开始的 8 个数据存储器中。

在 PLC 中定义一块断电保持的数据存储区域（本任务存储的配方数据，采用 D1000 以后的断电保持数据存储区域）用来存储配方数据，用块传送指令进行配方数据的读写。块传送指令的发送和接收命令，在触摸屏上操作。

② PLC 配方存储地址的确定："配方号起始地址"存储在 D800 中，"配方数量"存储在 D802 中，"配方数量"初值设定为 8，即一组配方固定为 8 个 16 位二进制数。Z3 为变址数值，Z3=D800×D802。D1000Z3 通过变址方式改变每个配方储存点的起始地址。PLC 配方存储点地址配置见表 4-4。

表 4-4　PLC 配方存储点地址配置示意表

D800 配方号起始地址	D802 配方数量	Z3 变址数值	D1000Z3 配方存储地址
0	8	0	D1000～D1007
1	8	8	D1008～D1015
2	8	16	D1016～D1023
n	8	$8n$	$D(1000+8n)$～$D[1000+8(n+1)-1]$

③ 存储配方数据：首先修改写入的 PLC "配方号起始地址"，再由 M100 触发块传送指令，把 D100 开始的当前配方数据传送给 D1000Z3 配方存储地址，传送数量由 D802 中存储的数值决定。需要读出配方数据时，首先修改读出的 PLC "配方号起始地址"，再由 M101 触发块传送指令，把 D1000Z3 开头的配方储存数值传送给 D100 当前配方地址进行显示，传送数量也是由 D802 中存储的数值决定。PLC 配方读写参考程序如图 4-37 所示。

（3）物料加料及混料程序编写

加料和混料控制：首先确定运行时间，由于触摸屏传送来的定时时间单位为秒，而 PLC 程序中采用了 100 ms 的定时器，因此，混料时间和下料时间都扩大 10 倍，如

图 4-38 所示。加料及混料动作程序如图 4-39 所示。混料时间到后，复位启动信号。

笔记栏

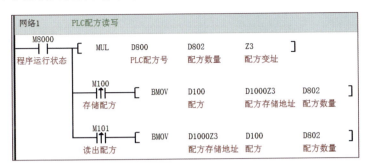

图 4-37　PLC 配方读写参考程序

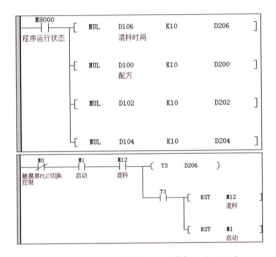

图 4-38　时间转换及混料运行程序

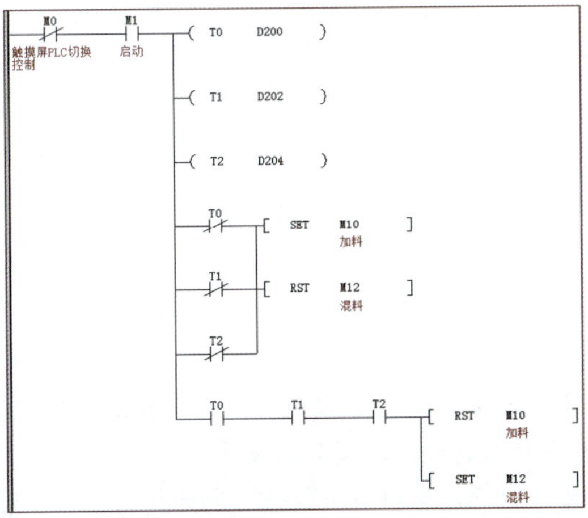

图 4-39　加料及混料动作程序

6 任务调试

完成系统调试，填写功能测试记录在表 4-5 中。

表 4-5 功能测试表

操作步骤	观察项目			
	触摸屏/PLC控制切换 M0	启停 M1	加料 M10	混料 M12
初始状态				
选择控制模式				
选择物料配方				
按下启动按钮				
加料运行中				
混料运行中				
运行停止				

7 评价

进行运行调试，根据运行情况，完成评分表，见表 4-6。

表 4-6 评分表

评分表 _____学年		工作形式 □个人 □小组分工 □小组	工作时间 /min _____	
任务	训练内容	训练要求	学生自评	教师评分
物料混料系统配方控制工程	1. 物料混料系统数据建立，10 分	实时数据库里的数据名称建立正确，5 分；数据类型设置正确，5 分		
	2. 物料混料系统用户窗口设计，20 分	物料混料系统组态画面设置正确，10 分；组态数据库数据连接设置正确，10 分		
	3. 配方组态与调试，20 分	配方组对象数据设置正确，10 分；配方数据调用正确，10 分		
	4. 脚本程序编写与调试，20 分	脚本程序编写正确，10 分；动画模拟运行正确，10 分		
	5. PLC 程序编写与调试，20 分	PLC 程序运行正确，10 分；PLC 与触摸屏联机运行调试正确，10 分		
	6. 职业素养与操作规范，10 分	工作过程及实验实训操作符合职业要求，5 分；遵守劳动纪律，安全操作，保持工位整洁，5 分		

学生：_____ 教师：_____ 日期：_____

练习与提高

1. 完成某类饼干的配方设计，包括黄油、白糖、鸡蛋、面粉和烹调时间等 5 个参数的数据类型和参数值。

2. 客户需要在触摸屏上设计"配方复制"和"配方粘贴"两个按钮，请思考如何现实？

3. 客户为了防止配方数据的错误读写，需要在触摸屏上设计一个配方写入和读出的"确认"和"取消"提示键，确认无误后，才能读写配方数据，请思考如何实现？

4. 请在云平台完成该任务。

任务3　触摸屏+西门子S7-200 Smart与两台汇川变频器 Modbus-RTU通信

任务目标

（1）掌握触摸屏及组态软件连接网关的方法；
（2）掌握PLC与多台变频器的Modbus协议通信；
（3）设计脚本程序，完成组态虚拟运行调试；
（4）熟悉触摸屏与PLC、变频器通信的组态以及调试过程。

任务描述

西门子S7-200 Smart PLC通过Modbus-RTU与两台汇川MD310变频器通信，昆仑技创触摸屏实时监控相关参数，可以控制每台变频器的正转、反转、停止和频率设定，读取输出频率、输出电压、输出电流等。

任务训练

1 系统组成与方案设计

本系统由昆仑技创TPC1021Nt智能物联网触摸屏、西门子S7-200 Smart PLC、汇川MD310系列变频器、开关电源等组成，如图4-40所示。

图4-40　设备硬件图

S7-200 Smart可实现CPU、编程设备和HMI之间的多种通信，主要有以太网、Profibus、RS-485、RS-232等通信方式。本任务触摸屏与PLC之间通过以太网通信，实现HMI与CPU间的数据交换。PLC与两台汇川MD310系列变频器通过RS-485实现Modbus-RTU通信。

PLC的RS-485口为9针口，7脚（+）、8脚（-）引出的线直接并联两台变频器的RS-485+和RS-485-。第一台变频器的地址设置为2，第二台变频器的地址设置为3。触摸屏的通信波特率、奇偶校验方式、数据位位数及停止位位数与PLC相同。采用轮询方式进行通信。

2 组态设计

（1）建立工程

新建工程，选择对应的触摸屏型号，如TPC1021Nt。打开"设备窗口"，右击，在弹出的快捷菜单中选择"设备工具箱"命令，添加"通用TCP/IP父设备"和"设备 0- 西门子 _S7_Smart200_ 以太网",如图 4-41 所示。

图 4-41 设备窗口组态

双击"通用 TCP/IP 父设备"和"设备 0- 西门子 _S7_Smart200_ 以太网",配置参数,如图 4-42、图 4-43 所示。

图 4-42 通用 TCP/IP 父设备设置　　　图 4-43 设备 0 驱动设备设置

网络类型:1-TCP;服务器 / 客户设置:0- 客户端;本地 IP 地址:触摸屏 IP 192.168.2.190;本地端口号:0;远程 IP 地址:PLC 网关 IP 192.168.2.1;远程端口号:102。

(2)窗口组态

单击"用户窗口",新建组态,打开窗口,在此编写动画窗口,组态设计界面如图 4-44 所示。系统包含一个模拟运行切换开关,6 个按钮,2 个频率设定框,2 个输出频率显示框,2 个输出电压显示框,2 个输出电流显示框。

图 4-44 组态设计界面

TPC 变量与 PLC 变量的对应关系见表 4-7。

表 4-7　TPC 变量与 PLC 变量的对应关系

1号变频器	TPC 变量	正转按钮	反转按钮	停止按钮	频率设定	输出频率
	PLC 变量	VW10=1	VW10=2	VW10=5	VW100	VW104
2号变频器	TPC 变量	正转按钮	反转按钮	停止按钮	频率设定	输出频率
	PLC 变量	VW20=1	VW20=2	VW20=5	VW1000	VW1004
1号变频器	输出电压	输出电流	正转灯	反转灯	停止灯	
	VW108	VW110	M10.0	M10.1	M10.2	
2号变频器	输出电压	输出电流	正转灯	反转灯	停止灯	
	VW1008	VW1010	M10.3	M10.4	M10.5	

单击"实时数据库",新增对象,如图 4-45 所示。

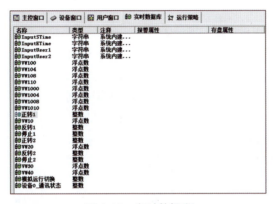

图 4-45　实时数据库

① 1 号变频器按钮设置。

首先双击"正转",切换到"变量属性"选项卡,"显示变量"选项类型为"数值显示"、输入"正转 1";"设置变量"选项类型为"数值操作"、输入"VW10";"功能"选项,"执行操作"选择"设置常量"、"操作数"输入"1",如图 4-46 所示。再分别单击"正转 1"和"VW10"后的 ? 按钮,弹出"变量选择"对话框,选择"根据数据中心选择"单选按钮,选择变量为"正转 1""VW10",然后单击"确认"按钮,如图 4-47 所示。另外两个反转按钮和停止按钮参照此法设置,变量分别改为"反转 1"和"停止 1",如图 4-48、图 4-49 所示。

图 4-46　正转按钮属性设置

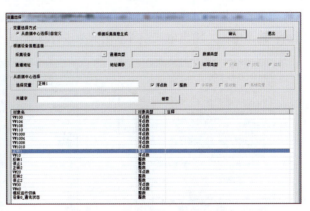

图 4-47　正转按钮变量连接

图 4-48　反转按钮属性设置　　　　　图 4-49　停止按钮属性设置

② 1 号变频器频率设定输入框设置。

首先双击"频率输入"的输入框，切换到"按钮输入"选项卡，输入"VW100"；切换到"显示输出"选项卡，输入"VW100"，如图 4-50 所示。再单击"VW100"后的 ? 按钮，弹出"变量选择"对话框，选择"根据数据中心选择"单选按钮，选择变量为"VW100"，然后单击"确认"按钮，如图 4-51 所示。

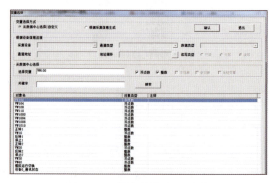

图 4-50　频率设定属性设置　　　　　图 4-51　频率设定变量连接

③ 1 号变频器输出频率显示框设置。

首先双击"输出频率"的输入框，切换到"显示输出"选项卡，输入"VW104"，如图 4-52 所示。再单击"VW104"后的 ? 按钮，弹出"变量选择"对话框，选择"根据数据中心选择"单选按钮，选择变量为"VW104"，然后单击"确认"按钮，如图 4-53 所示。输出电压、输出电流参考输出频率进行设置。

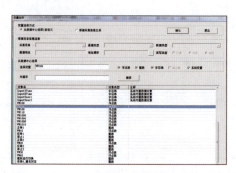

图 4-52　输出频率属性设置　　　　　图 4-53　输出频率变量连接

④ 2 号变频器的相关参数设置。

2 号变频器的相关参数设置参考 1 号变频器，请自行完成。

完成所有设置后打开设备窗口，增加设备通道，建立 PLC 与触摸屏的数据连接，如图 4-54 所示。

图 4-54　通道变量连接

3 策略组态

本任务中，虚拟仿真正反转运动和频率控制运行由脚本程序实现。操作步骤如下：

① 打开"运行策略"窗口，新建"循环策略 1"，双击"循环策略 1"，设置循环时间（ms）为：100，如图 4-55 所示。双击"表达式条件"，设置为"模拟运行切换 =1"，如图 4-56 所示。

图 4-55　循环时间设置

图 4-56　表达式条件设置

② 脚本程序的编写：打开脚本程序编辑器，正反转运动和频率控制运行的脚本程序如图 4-57 所示。

4 模拟运行

组态设计完成后，工程下载进行模拟运行，模拟运行界面如图 4-58 所示。

视　频

触摸屏+西门子S7-200 SMART与两台汇川变频器Modbus-RTU通信

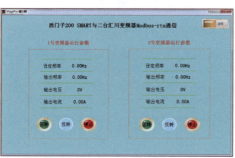

图 4-57　脚本程序

图 4-58　模拟运行组态界面

5　联机运行

MD310 系列变频器是一款通用紧缩型多功能变频器，采用开环矢量和 V/F 控制方式，以高性能的电流矢量控制技术可实现异步电机控制。MD310 标配 RS-485 通信接口，支持 Modbus-RTU 通信，可扩展 I/O 扩展卡、CAN 通信扩展卡。

首先进行变频器命令源和通信参数设置，将 FD 组"通信参数设置"设置好对应的波特率、数据格式、本机地址、通信协议等。变频器的参数设置见表 4-8。

表 4-8　变频器的参数设置

参数号	参数名称	默认值	设置值	设置值含义
F0-02	命令源选择	0	1	端子命令通道为外控方式
F0-03	主频率源设定	0	9	主频率由通信给定
FD-00	波特率设置	5005	5005	9 600bit/s
FD-01	数据格式	0	1	偶检验（8-E-1）
FD-02	本机地址	1	2、3	2 台站号为 2、3
FD-05	通信协议	31	1	1：标准 Modbus 协议
FD-06	通信读取电流分辨率	0	1	0.1A

（1）Smart PLC 与汇川变频器 Modbus-RTU 通信程序

变频器想要与 PLC 通信，需要先了解其寄存器之间的关系，如变频器频率设定参数地址 1000H，1000H 先转换为十进制，1000H 对应的十进制为 4096，PLC 的初始通信存储为 40001，所以对应西门子 PLC Modbus 地址为 4096+40001=44097，该状态值存入 1 号变频器 VW100 和和 2 号变频器 VW1000。

（2）读取变频器运行频率、母线电压、输出电压、输出电流、输出功率、输出转矩、运行速度

汇川变频器命令通信地址为（1001-1007H），对应西门子 PLC Modbus 地址为（AC42）即十进制（44098），该状态值存入 1 号变频器 VW104-VW116 和 2 号变频器 VW1004-VW1016。

（3）写变频器控制命令

汇川变频器命令通信地址为（2000H），对应西门子 PLC Modbus 地址为（BC41H）即十进制（48193），该状态值存入 1 号变频器 VW10 和 2 号变频器 VW20。2000H 对应为 1：正转运行；2：反转运行；3：正转点动；4：反转点动；5：自有停车；6：减速停机；7：故障复位。

（4）读取变频器运行状态

汇川变频器命令通信地址为（3000H），对应西门子 PLC Modbus 地址为（064A81）即十进制（412289），该状态值存入 1 号变频器 VW30 和 2 号变频器 VW40。3000H 对应为 001：正转运行；002：反转运行；003：停机。

（5）PLC 程序设计

PLC 部分程序设计如下所示。

① 调用 Modbus-RTU 主站初始化和控制子程序。

调用 MBUS_CTRL 完成主站的初始化，并启动其功能控制，如图 4-59 所示。

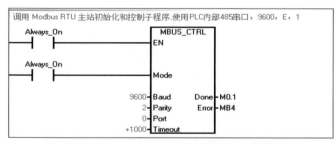

图 4-59　Modbus-RTU 主站初始化和控制子程序

② 调用 Modbus-RTU 主站读写子程序 MBUS_MSG，发送一个 Modbus 请求，如图 4-60 所示。

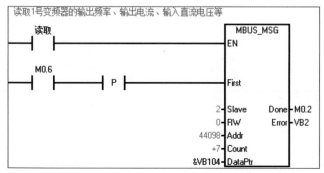

图 4-60　Modbus-RTU 主站读写子程序

程序其他部分不一一介绍，请自行设计。

6 调试运行

首先将嵌入式组态工程下载到触摸屏中。触摸屏通过 9 针串口的 3 号引脚和 8 号引脚实现 RS-485 通信，3 号引脚和 8 号引脚分别接变频器的 RS-485+ 和 RS-485-，牢记"+"和"+"相连，"-"和"-"相连。调试步骤具体如下：

① 通电后，观察通信状态，0 表示通信成功；其他数值表示通信有误。如通信异常，通过检查硬件接线、软件设置进行解决。
② 设置两台变频器频率值，如 30 Hz。
③ 按下"正转按钮"，变频器频率由 0 Hz，逐渐上升至 30 Hz，电动机正向旋转。
④ 按下"停止按钮"，变频器频率由当前值，逐渐下降至 0 Hz，电动机停转。
⑤ 按下"反转按钮"，变频器频率由 0 Hz，逐渐上升至 30 Hz，电动机反向旋转。
⑥ 填写调试记录表，见表 4-9。

表 4-9 调试记录表

操作步骤	观察项目					
	1号运行频率	1号输出电压	1号输出电流	2号运行频率	2号输出电压	2号输出电流
设置频率值						
正转按钮						
停止按钮						
反转按钮						

7 评价

评分表见表 4-10。

表 4-10 评分表

评分表 _____学年		工作形式 □个人 □小组分工 □小组	工作时间/min _____	
任务	训练内容及配分	训练要求	学生自评	教师评分
触摸屏＋西门子 S7-200 Smart 与两台汇川变频器 Modbus-RTU 通信	1. 工作步骤及电路图样，20 分	训练步骤；变频器、PLC 通信手册学习；变频器参数面板设置练习		
	2. 通信连接，20 分	通信数据线连接；TPC 与变频器通信设置；TPC 与 PLC 通信设置		
	3. 工程组态，20 分	设备组态；窗口组态；脚本程序		
	4. 功能测试，30 分	按钮功能；数据显示功能		
	5. 职业素养与安全意识，10 分	现场安全保护；工具、器材、导线等处理操作符合职业要求；有分工有合作，配合紧密；遵守纪律，保持工位整洁		

学生：_____ 教师：_____ 日期：_____

练习与提高

1. 若触摸屏采用 Modbus 通信时，设备地址如何设置？请分别用变频器和 PLC 举例。
2. 若系统的第一台从站是 PLC，第二、三台从站是变频器，组态里面的设备窗口如何设置？
3. 参考变频器手册，修改变频器的通信参数，使之能和触摸屏的 9 600 bit/s 波特率，8 位数据位，无校验，2 位停止位相连接，并通信正常。
4. 如何设置显示变频器的转矩、功率、转速等其他运行参数？
5. 如果更换为两台台达 VFD-M 变频器，参数如何设置？
6. 请在云平台完成该任务。

任务4　触摸屏控制变频器恒压供水

任务目标

（1）建立触摸屏与变频器的 Modbus 协议通信；
（2）能够设计制作脚本程序；
（3）熟悉触摸屏与变频器通信的组态以及调试运行过程；
（4）熟练掌握触摸屏控制变频器恒压供水的启停及参数监测。

任务描述

触摸屏通过 Modbus 协议控制 ABB 变频器的启、停、压力设定、加减速时间、频率等参数。系统由触摸屏、ABB ACS510 变频器、远传压力表、数据通信线、24 V 开关电源等组成。

任务训练

1　窗口组态

双击嵌入式组态环境图标，新建"触摸屏直接控制 ABB 变频器恒压供水"工程，单击"保存"按钮。在用户窗口建立 3 个新窗口，分别为恒压供水、变频器参数、帮助，然后进入新窗口，建立画面，如图 4-61～图 4-63 所示。

组态画面包括以下内容：
① 恒压供水画面。
② 变频器的控制命令按钮及开关，控制变频器启动，手动自动转换，复位等。
③ 变频器参数设置显示界面，可以设置变频器的频率，加减速时间、积分时间、电流等。
④ 设备的接线图等。

昆仑技创触摸屏与ABB变频器恒压供水通信工程样例

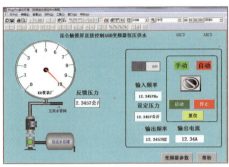
图 4-61 恒压供水界面

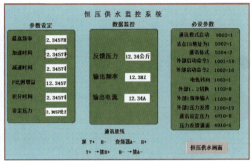
图 4-62 变频器参数界面

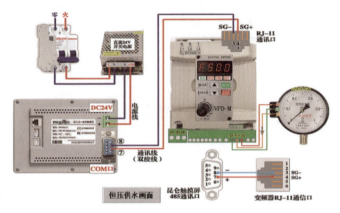
图 4-63 设备硬件界面

2 设备组态

（1）设置触摸屏与变频器的数据通信格式

采用 Modbus-RTU 通信模式。在设备窗口添加"通用串口父设备"及"莫迪康 ModbusRTU"设备，如图 4-64 所示。双击"通用串口父设备 0"弹出"通用串口设备属性编辑"对话框，设置如图 4-65 所示；双击"莫迪康 ModbusRTU"子设备，设置如图 4-66 所示。

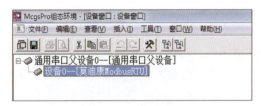
图 4-64 设备窗口组态

（2）数据连接设置

设置数据连接首先要了解变频器参数和内部地址。

① 变频器通信参数及 Modbus 通信寄存器。

ABB ACS510 系列变频器的通信参数设置及 Modbus 通信寄存器地址见表 4-11。

图 4-65　通用串口父设备设置　　　　图 4-66　设备 0 驱动设置

表 4-11　ABB ACS510 系列变频器的通信参数设置及 Modbus 通信寄存器地址

参 数 号	参数名称	Modbus 4 区寄存器地址	参 数 号	参数名称	Modbus 4 区寄存器地址
9802	通信选择		0130	PID 1 反馈值	40130
1001	外部控制命令	40001	2008	最大频率	42008
1102	外部控制选择（输入频率）	40002	2202	加速时间	42202
1103	给定值 1 选择	40003	2203	减速时间	42203
0103	输出频率	40103	4001	比例增益	44001
0104	电流	40104	4002	积分时间	44002

② 建立数据连接。

打开设备窗口后，双击"通用串口父设备 0"，弹出"通用串口设备属性编辑"对话框，弹出设备编辑窗口，单击"增加设备通道"按钮，如图 4-67 所示。在"添加设备通道"窗口，进行"基本属性设置"，"通道类型"为"[4 区] 输出寄存器"，"数据类型"为"16 位无符号二进制数"，"通道地址"为"1"，"连接变量"为"启动"，"读写方式"为"读写"，然后单击"确认"按钮，如图 4-68 所示。按表 4-11 中变频器参数表逐个添加设备通道，并进行变量连接。最终设备通道变量连接设置如图 4-69 所示。

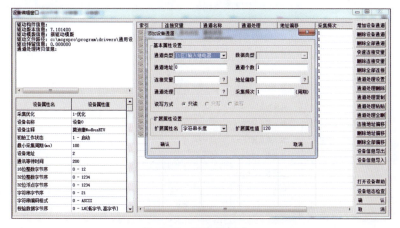

图 4-67　设备编辑窗口

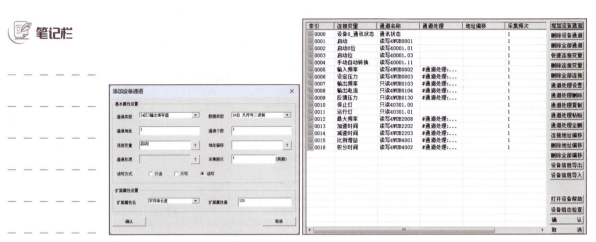

图 4-68　设备通道编辑　　　　图 4-69　设备通道变量连接

变频器通过 Modbus 协议通信时，由于频率值输入时为实际频率值的百分比，0～50 Hz 对应了 0～20000 的百分比，所以扩大了 400 倍，对于通道"读写 4WUB0002"，需要在"设备窗口"的"设备 0--[莫迪康 ModbusRTU]"子设备下，单击"读写 4WUB0002"，再单击"通道处理设置"按钮进行工程量转换处理，如图 4-70 和图 4-71 所示。其他通道工程量转换如下：设定压力 0～10000 对应 0～10；输出频率 0～500 对应 0～50；反馈压力 0～1000 对应 0～10；输出电流为 0.1*X；反馈压力 0～1000 对应 0～10；最大频率 0～500 对应 0～50；加减速时间 0～18000 对应 0～1800；比例增益 0～1000 对应 0～100；积分时间 0～36000 对应 0～3600。

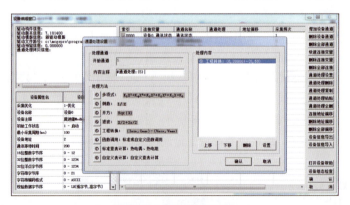

图 4-70　通道处理选择

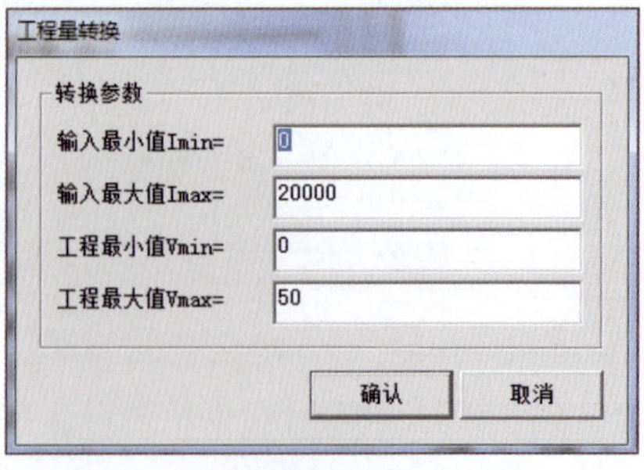

图 4-71　"工程量转换"对话框

策略组态

本任务中，虚拟仿真手动自动、启停、频率、压力控制运行由脚本程序实现。操作步骤如下：

打开"运行策略"窗口，新建"循环策略"，如图 4-72 所示。双击"循环策略"，设置循环时间（ms）为：100，如图 4-73 所示。双击"表达式条件"，设置为"模拟运行切换 =1"，如图 4-74 所示。

图 4-72　新建循环策略

图 4-73　循环时间设置

图 4-74　表达式条件设置

脚本程序的编写：打开脚本程序编辑器，恒压供水控制运行的脚本程序如图 4-75 所示。

图 4-75　恒压供水控制运行的脚本程序

恒压供水控制运行脚本程序

组态设计完成后,模拟运行组态界面如图 4-76 所示。

视 频

触摸屏与ABB
变频器恒压
供水通信

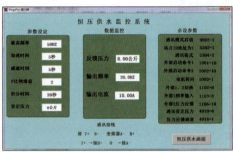

图 4-76 模拟运行组态界面

5 调试运行

变频器内部有 RS-485 串联通信方式,通信口(RJ-11)位于控制回路端子,端子定义如图 4-77 所示。

触摸屏上的 9 针 D 形母头与 ABB ACS510 系列变频器的线路连接如图 4-78 所示。

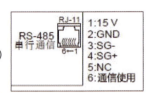

图 4-77 RJ-11 端子定义

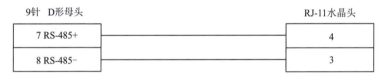

图 4-78 TPC 与触摸屏通信线

通信使用方法:使用 RS-485 串联通信方式时,必须预先在变频器的参数里指定其通信地址,触摸屏可以根据变频器的地址分别进行控制。

(1)变频器参数设置

ABB ACS510 系列变频器的参数要进行相应的调整,变频器的参数设置如下:

① 9802=1,通信选择选择"标准 Modbus"通信模式。

② 5302 = 2,Modbus 通信站号设置站号为 2。

③ 5303 = 9 600 bit/s,Modbus 通信波特率设置,本例中波特率为 9 600 bit/s。

④ 5304 = 1,Modbus 通信校验模式设置,校验方式为 8N2。

⑤ 5305=0,Modbus 通信控制类型设置,本例中选择 ABB 传动完全版。

⑥ 1001=10,由 Modbus 控制变频器启停。

⑦ 1102=0,由 Modbus 控制变频器给定速度(0 ~ 20 000 对应 0 ~ 50 Hz)。

⑧ 1103=8,压力给定值来自串行通信。

(2)调试运行

首先将嵌入式组态工程下载到触摸屏中。

① 通电后,观察通信状态,0 表示通信成功;其他数值表示通信有误。如通信异常,通过检查硬件接线、软件设置进行解决。

② 设置变频器频率值，如 30 Hz，水箱压力，如 8 kg。

③ 扳动"手动自动转换开关"至自动，变频器频率由 0 Hz，逐渐上升至设定频率，水箱压力升至设定压力。

④ 扳动"手动自动转换开关"至手动，需点动按下"启动按钮"，变频器频率逐步上升，水箱压力也逐步上升。

⑤ 按下"停止按钮"，变频器停止运行，水泵电动机停止转动。

⑥ 填写调试记录表，见表 4-12。

表 4-12　调试记录表

操作步骤	观察项目			
	通信状态	输出频率	反馈压力	输出电流
设置频率值				
设定压力				
自动运行				
手动-启动按钮				
手动-停止按钮				

6 评价

评分表见表 4-13。

表 4-13　评 分 表

任务	评分表 _____学年		工作形式 □个人 □小组分工 □小组	工作时间/min	
	训练内容及配分	训练要求		学生自评	教师评分
触摸屏控制变频器恒压供水	1. 工作步骤及电路图样，20分	训练步骤；变频器、通信手册学习；变频器参数面板设置练习			
	2. 通信连接，20分	通信数据线连接；TPC 与变频器通信设置			
	3. 工程组态，20分	设备组态；窗口组态；脚本程序			
	4. 功能测试，30分	开关切换功能；数据显示功能等			
	5. 职业素养与安全意识，10分	现场安全保护；工具、器材、导线等处理操作符合职业要求；有分工有合作，配合紧密；遵守纪律，保持工位整洁			

学生：_____　教师：_____　日期：_____

练习与提高

1. 查资料，了解 Modbus 通信协议。
2. 怎样进行变频器通信参数的设置和修改？
3. 触摸屏通过 Modbus 通信协议可以连接多少台变频器？
4. 请在云平台完成该任务。

笔记栏

注释

青衿之志，履践致远

出自《论语·卫灵公》一章。其意思是指年轻人怀有报效国家、奋发向上的志向，经过不断地实践和努力，最终能够达到较高的目标、实现远大的理想。这句话是一句富有教育意义的名言，它教导年轻人要珍惜时间，努力奋斗，不断提高自己的能力和素质，为自己和国家创造更好的未来。

素材

MCGSPro组态
软件安装包

模块五 能手篇

青衿之志，履践致远

项目5 智能运料小车控制工程

【导航栏】当代中国青年生逢其时，施展才干的舞台无比广阔，实现梦想的前景无比光明。以智能制造为主攻方向推动产业技术变革和优化升级，推动制造业产业模式和企业形态根本性转变，以"鼎新"带动"革故"，以增量带动存量，促进我国产业迈向全球价值链中高端。

【项目介绍】

现有企业需用触摸屏和PLC开发智能运料小车控制系统，实现自动装料、运料、运输及卸料的控制，节省人力，提高生产效率。该项目可分4个任务：任务1 运动小球虚拟仿真练习；任务2 智能运料小车触摸屏设计与仿真运行；任务3 智能运料小车的PLC控制与运行；任务4 智能运料小车计算机、手机远程监控。智能运料小车控制工程组态设计界面如图5-1所示。

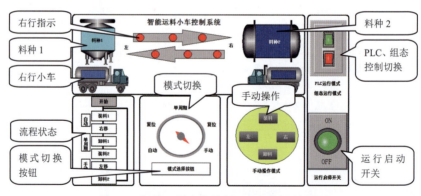

图5-1 智能运料小车控制工程组态设计界面

任务1 运动小球虚拟仿真练习

任务目标

（1）掌握小球运动的规律及数据关联表达式；
（2）能够设计制作运动小球的脚本程序；
（3）能够完成组态模拟运行。

任务描述

3个不同颜色的小球沿各自不同的轨迹运行,绿色小球沿着半径为100像素的正圆轨迹运行;红色小球沿着长半径为100像素,短半径为50像素的椭圆轨迹运行;黄色小球沿着长为324像素,宽为114像素的矩形轨迹运行。小球运动轨迹通过触摸屏自动循环运行,组态设计小球运行界面。

任务训练

绿色小球在平面直角坐标系中以半径 r 做圆周运动,以圆心建立坐标系,以弧度 S 为自变量,其运动轨迹参数坐标为:Y=100*!SIN(S)、Z=100*!COS(S),坐标的数值随着弧度的周期变化而周期性运行。红色小球椭圆运行的坐标公式分别是:Y=100*!SIN(S)、X=50*!COS(S)。数值100是圆的半径,50是椭圆的短半径。黄色小球的矩形轨迹通过设置小球的水平移动和垂直移动来实现。

1 数据库组态

创建新工程,新建窗口,命名为:小球运动。在实时数据库中建立变量,见表5-1。

表 5-1 数据库变量表

名 称	类 型	对象初值	数据说明
X	浮点数	0	绿色小球圆周运行余弦坐标
Y	浮点数	0	小球圆周运行正弦坐标
Z	浮点数	0	红色小球椭圆运行余弦坐标
S	浮点数	0	小球圆周运行弧度数值
垂直移动	浮点数	0	黄色小球矩形运动垂直数值
水平移动	浮点数	0	黄色小球矩形运动水平数值

2 窗口组态

组态界面分"小球走椭圆和圆周运动"及"小球走长方形运动"两部分,如图 5-2 所示。

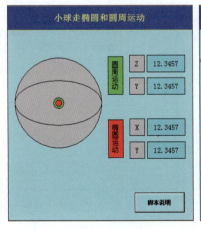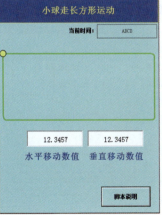

图 5-2 用户窗口界面图

小球沿着椭圆和圆周运动的设计：选择"工具箱"中的"椭圆"，绘制一个直径为 200 的大圆，大圆空间大小是 200×200 的方格，观察组态软件右下角控件大小数据，可以直接输入控件大小的值；然后再绘制一个短半径为 50 的椭圆，空间大小是 200×100，设置组态软件右下角控件大小数据；在大圆的圆心处绘制一个小球，小球的像素大小是 25×25，设置组态软件右下角控件大小数据，填充颜色是绿色。绿色小球的位置动画连接选择"水平移动"和"垂直移动"，如图 5-3 所示。

绿色小球水平移动 Z、垂直移动 Y 两者表达式的值和偏移量均是 0~100，如图 5-4、图 5-5 所示。

图 5-3　绿色小球动画组态设置　　图 5-4　绿色小球水平移动设置

继续在大圆的圆心处绘制一个红色小球，小球占据的空间大小是 15×15，观察组态软件右下角数据，填充颜色是红色。红色小球的位置动画连接选择"水平移动"和"垂直移动"，如图 5-6 所示。

图 5-5　绿色小球垂直移动设置　　图 5-6　红色小球动画组态设置

红色小球的水平移动 Y 表达式和偏移量均是 0~100，如图 5-7 所示；垂直移动 X 表达式和偏移量是 0～50，如图 5-8 所示。

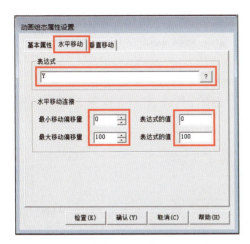

图 5-7 红色小球水平移动设置

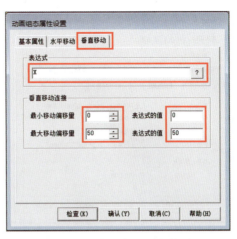

图 5-8 红色小球垂直移动设置

圆周运动 Z、Y 数值和椭圆运动 X、Y 数值显示设置：选择"工具箱"中的"A"标签功能，绘制 4 个标签框，标签框的属性设置中输入输出连接选择"显示输出"复选框，如图 5-9 所示。显示输出的表达式分别连接：Z、Y 数值和 X、Y 数值，如图 5-10 所示。

图 5-9 右移小车部分"构成图符"

图 5-10 右移小车水平移动属性设置

黄色小球走矩形运动的设计：选择"工具箱"中的"圆角矩形"，绘制一个长方形，长方形占据的空间大小是 350×150，观察软件右下角控件大小数值，填充颜色选择黄色。黄色小球的位置动画连接选择"水平移动"和"垂直移动"，如图 5-11 所示。

黄色小球的水平移动表达式和偏移量均是 0～324，如图 5-12 所示。黄色小球的垂直移动表达式和偏移量均是 0～114。

3 策略组态

3 个不同颜色运动小球的运行由脚本程序实现。操作步骤如下：

双击窗口底层，进入用户窗口属性设置，选择启动脚本。小球启动脚本为：Y=0、水平移动 =0、垂直移动 =0，如图 5-13 所示。

图 5-11　黄色小球水平移动设置 1

图 5-12　黄色小球水平移动设置 2

图 5-13　启动脚本属性设置

图 5-14　策略表达式条件设置

设置循环脚本，循环时间（ms）设定为：100，如图 5-14 所示。

脚本程序的编写：打开脚本程序编辑器，小球圆周运动的脚本程序如图 5-15 所示。小球长方形运动的脚本程序如图 5-16 所示。

```
IF S<6.283 THEN
*注：6.283 即 2π 弧度值
S=S+0.001
ELSE
S=0
ENDIF

Y=100*!SIN(S)
Z=100*!COS(S)
X=50*!COS(S)
```

图 5-15　小球圆周运动的脚本程序

```
IF 水平移动 < 350 AND 垂直移动 =0 THEN
    水平移动 = 水平移动 + 5
ENDIF
IF 水平移动 = 350 AND 垂直移动 <150 THEN
    垂直移动 = 垂直移动 + 2
ENDIF
IF 水平移动 > 0 AND 垂直移动 = 150 THEN
    水平移动 = 水平移动 - 5
ENDIF
IF 水平移动 = 0 AND 垂直移动 > 0 THEN
    垂直移动 = 垂直移动 -2
ENDIF
```

图 5-16　小球长方形运动的脚本程序

运行调试

组态设计完成后,进行模拟运行,参考图 5-17 所示。

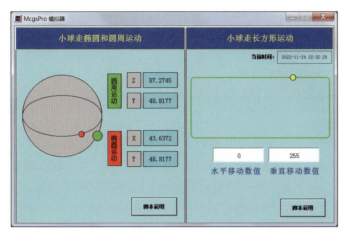

图 5-17 运动小球运行界面

 评价

评分表见表 5-2。

表 5-2 评分表

任务	评分表 _____学年	工作形式 □个人 □小组分工 □小组	工作时间/min _____	
	训练内容	训练要求	学生自评	教师评分
运动小球虚拟仿真练习	1. 红绿黄三个小球组态设计,20 分	绘制红绿黄三个小球正确,10 分 动画设置选择正确,10 分		
	2. 属性设置与数据库连接,20 分	动画组态属性设置正确,10 分 与数据库数据连接设置正确,10 分		
	3. 脚本程序编写,40 分	红、绿小球脚本程序编写正确,20 分 黄球脚本程序编写正确,20 分		
	4. 运行调试,10 分	虚拟仿真运行正常,10 分		
	5. 职业素养与操作规范,10 分	工作过程及训练操作符合职业要求,5 分 遵守安全规程,保持工位整洁,5 分		

学生:_____ 教师:_____ 日期:_____

练习与提高

1. 在动画属性设置中,"水平移动"的距离大小是如何获得的?
2. 仔细思考脚本程序,圆周运行中,S 的数值大小有什么含义?
3. 仔细思考组态工程的设计过程,如果在圆周运行中,椭圆的运行轨迹需要旋转 90° 呈现,该任务的组态工程要如何修改?
4. 如何才能改变小球的运行速度?有哪几种方法?
5. 请在云平台完成该任务。

任务2　智能运料小车触摸屏设计与仿真运行

任务目标

（1）能够组态智能运料小车界面；
（2）能够完成运行策略编程；
（3）完成智能运料小车的虚拟仿真运行。

任务描述

在图 5-1 中，智能运料小车从储物罐 1 位置开始装载物料 1，物料 1 装满后，往右侧储物罐 2 运输，运输过程中，经过 3 个位置指示灯。到达储物罐 2 处，卸载物料 1，再从储物罐 2 处装载物料 2，物料 2 装满后往左侧储物罐 1 运输，运输到储物罐 1 处，卸载物料 2，然后返回到起始位置。该流程要求能实现自动循环运行、单周期运行、手动操作运行。

任务训练

智能运料小车控制系统主要由运料小车、储料箱、卸料电磁阀、卸料箱、按钮以及小车液位计等组成。实现智能运料小车虚拟仿真运行，功能分为：自动、单周期、手动三种模式，自动模式是典型的工作流程运行模式。系统在满足流程动作的同时，还要考虑界面的美观、实用，符合人的视觉感知与审美。

1 数据库组态

在实时数据库中建立变量，见表 5-3。

表 5-3　数据库变量表

名　称	类　型	对象初值	数据说明
方向	整数	0	小车左移或者右移的方向
开关	整数	0	仿真系统启停
料种	整数	0	储料罐 1、2 中的物料
卸料	整数	0	手动卸料开关
右	整数	0	手动右移开关
装料	整数	0	手动装料开关
左	整数	0	手动左移开关
模拟运行开关	整数	0	系统模拟运行开关
装卸	整数	10	装卸模式的值
车料	浮点数	0	可以大小变换的物料
流程	整数	0	当前运行流程数值
模式	整数	0	当前运行模式值
移动	浮点数	0	小车的位置数值大小

 窗口组态

新建"运料小车"用户窗口，组态画面设计参考图 5-18 所示。

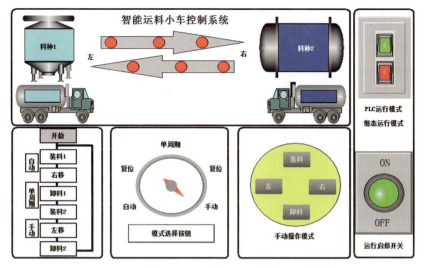

图5-18 组态界面设计参考图

储料罐1的设计：选择"工具箱"中的"插入元件"，单击图库列表的类型，选择"公共图库"，在"储藏罐"文件夹中选择"罐9"和"罐32"。选择工具箱中的矩形，在"罐9"本体上绘制一个矩形，填充颜色选择淡蓝色，如图5-19所示。"罐32"同样设置，填充颜色选择深蓝色。

运料小车的设计：运料小车分车头往右和车头往左运行两种类型，称为右移小车和左移小车。选择"工具箱"中的"公共图库"，通过"插入元件"选择合适的小车。先右键单击右移小车，选择"排列"中的"分解单元"选项，如图5-20所示。再次右键单击，选择"排列"中的"分解图符"。

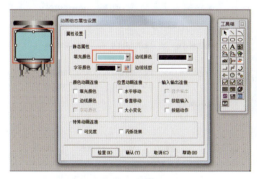

图5-19 储料罐属性设置

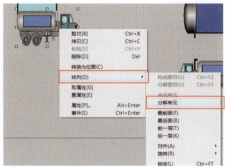

图5-20 小车分解设置

把中间蓝色料仓拉出来，剩余的小车部分"构成图符"，如图5-21所示。双击小车图符，增加"水平移动"和"可见度"动画属性功能。

"水平移动"动画属性功能的表达式为：移动。该表达式值的范围：0～35，如图5-22所示。偏移量根据画面右下角的第一个数值来确定。当"移动"表达式的值为0时，小车图符最小移动偏移量为0，当"移动"表达式的值为35时，小车图符最大移动偏移量为500，即沿触摸屏画面右移500个分辨率点，该位置正好是第一次卸料点。

图 5-21　右移小车部分"构成图符"

图 5-22　右移小车水平移动属性设置

"可见度"动画属性功能的表达式为：料种=0，当表达式非零时，选择"对应图符可见"单选按钮，如图 5-23 所示。

右击右移小车中间蓝色料仓，选择"排列"中的"最前面"选项，再把中间蓝色料仓放回。

双击右移小车中间蓝色料仓，把填充颜色静态属性选择为淡蓝色，并增加"水平移动"、"大小变化"和"可见度"动画属性功能，如图 5-24 所示。最后把中间蓝色料仓放回小车内。

图 5-23　右移小车可见度属性设置

图 5-24　右移小车料仓属性设置

右移小车中间蓝色料仓的"水平移动"和"可见度"参照小车设置，与图 5-21、图 5-22 中相同。

右移小车中间蓝色料仓的"大小变化"动画属性功能的表达式为：车料。表达式的值为：0 至 10。对应的变化百分比从 0% 至 100%，如图 5-25 所示，即当车料的数值从 0 变化到 10 时，小车中间蓝色料仓方块从 0% 上升到 100%。

左移小车参照右移小车设置，左移小车的"水平移动"属性设置参照图 5-26 进行设置。左移小车的"可见度"属性设置参照图 5-27 进行设置。

图 5-25 右移小车料仓大小变化属性设置

图 5-26 左移小车水平移动属性设置

左移小车中间蓝色料仓的填充颜色静态属性选择为深蓝色，"大小变化"属性设置与图 5-25 一致。左移小车中间蓝色料仓的"水平移动"属性设置与图 5-26 相同，"可见度"属性设置与图 5-27 相同。

右行、左行箭头设置：箭头使用工具箱中的常用符号，指示灯圆圈符号的填充颜色选择红色，增加"填充颜色"动画属性功能。右行箭头中，左边第一个指示灯圆圈的"填充颜色"动画属性设置为："移动 >=8.5 and 移动 <35 and 左 =0 and 方向 <>2"，如图 5-28 所示。第二个指示灯圆圈的"填充颜色"动画属性设置为："移动 >=17.5 and 移动 <35 and 左 =0 and 方向 <>2"，第三个指示灯圆圈的"填充颜色"动画属性设置为："移动 >=26.25 and 移动 <35 and 左 =0 and 方向 <>2"。

左行箭头中，右边第一个指示灯圆圈的"填充颜色"动画属性设置为："移动 <=26.25 and 移动 >0 and 右 =0 and 方向 <>1"，第二个指示灯圆圈的"填充颜色"动画属性设置为："移动 <=17.5 and 移动 >0 and 右 =0 and 方向 <>1"，第三个指示灯圆圈的"填充颜色"动画属性设置为："移动 <=8.5 and 移动 >0 and 右 =0 and 方向 <>1"。

图 5-27 左移小车可见度属性设置

图 5-28 圆圈动画属性设置

模拟运行开关设置：从工具箱的插入元件中选择公共图库，选择开关图库中的"开关 13"，连接数据"模拟运行开关"，数据对象的连接如图 5-29 所示。

流程图设置：流程图标识均使用工具箱中的"标签"功能，装料、右移、卸料、装料、左移、卸料这6个标签的静态填充颜色选择黄色，增加"填充颜色"动画属性功能。装料1、右移、卸料1、装料2、左移、卸料2这6个标签的"填充颜色"动画属性功能分别设置为："流程=1"至"流程=6"，如图5-30所示。

图5-29　开关数据对象的连接　　　　图5-30　装料标签填充颜色设置

流程图工作状态显示设置：流程图工作状态由3部分组成，分别是自动、单周期、手动三个状态，这三个状态分别用三个标签来显示，三个标签增加可见度功能，自动状态的表达式为：模式-0，如图5-31所示。单周期状态的表达式为：模式-2，如图5-32所示。手动状态的表达式为：模式-4。当表达式非零时，三个标签的可见度均为：对应图符不可见。

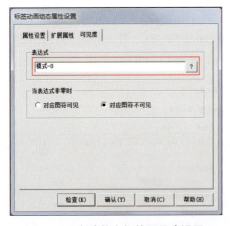

图5-31　自动状态标签可见度设置　　　图5-32　单流程状态标签可见度设置

运行启停开关设置：从工具箱的插入元件中选择公共图库，选择开关图库中的"开关10"，数据对象的连接如图5-33所示。

模式选择设置：选择工具箱中的"旋转仪表"，在"刻度与标注属性"设置中：主划线数目为4，次划线数目为0，标注显示选择"不显示"。

在"操作属性"设置中，对应数据对象的名称为：模式，最大逆时针角度对应值设置为：0，最大顺时针角度对应值设置为：4，如图5-34所示。

图 5-33 开关数据对象的连接

图 5-34 旋钮输入器操作属性设置

旋钮输入器外围一圈用标签输入文字：自动、复位、单周期、复位、手动。

在旋钮输入器上设置一个透明按钮，按下按钮，实现模式数值加 1 的动作。

手动操作模式设置：手动操作模式由四个按钮组成，分别为装料、卸料、左、右。在操作属性设置中，四个按钮分别连接对应名称的四个数据变量，操作功能都选择为"置 1"模式。装料按钮的操作属性设置如图 5-35 所示，左移按钮的操作属性设置如图 5-36 所示。

图 5-35 装料按钮操作属性设置

图 5-36 左移按钮操作属性设置

③ 策略组态

本任务中，运料小车的运行由"循环策略"中的脚本程序实现。操作步骤如下：

首先进入运行策略窗口，单击新建策略，选择"循环策略"，双击进入"循环策略"，双击"按照设定的时间循环运行"策略属性，把策略执行方式设置为：100 ms 周期循环，如图 5-37 所示。

流程策略编写：单击菜单栏的"新增策略行"，通过策略工具箱分别添加流程、开关还原、复位 2、复位 1、单次循环、自动、手动七个运行策略。

"流程"策略表达式条件为：模拟运行开关 =1，条件设置如图 5-38 所示。

图 5-37　循环策略属性设置

图 5-38　策略表达式条件设置

"流程"脚本程序是根据当前运行情况,判断小车当前运行的步骤,整个流程分为装料 1、右移、卸料 1、装料 2、左移、卸料 2 六个流程,对应的流程状态分别为流程数值的 1～6,样例程序如图 5-39 所示。

"运行启停开关"策略编写:本系统中开关策略的作用是关闭开关后,还原到初始状态。因此,启动开关被复位后才起作用,所以"启停开关"策略表达式为:开关 =0,表达式的值非 0 时条件成立,内容注释为:关闭 - 还原,脚本样例程序如图 5-40 所示,表达式条件设置如图 5-41 所示。

```
IF 装料=1 and 料种=0 or 装卸=0 THEN
    流程=1
ENDIF
IF 右=1 or 方向=1 THEN
    流程=2
ENDIF
IF 卸料=1 and 料种=0 or 装卸=1 THEN
    流程=3
ENDIF
IF 装料=1 and 料种=1 or 装卸=2 THEN
    流程=4
ENDIF
IF 左=1 or 方向=2 THEN
    流程=5
ENDIF
IF 卸料=1 and 料种=1 or 装卸=3 THEN
    流程=6
ENDIF
```

图 5-39　流程脚本程序

```
IF 移动>0 THEN 移动=0
IF 车料>0 THEN 车料=0
'' 注释:移动或车料有数值时,复位当前的数值
IF 左=1 THEN 左=0
'' 注释:小车左移时,复位左移信号
IF 右=1 THEN 右=0
'' 注释:小车右移时,复位右移信号
IF 装料=1 THEN 装料=0
'' 注释:小车装料时,复位装料信号
IF 卸料=1 THEN 卸料=0
'' 注释:小车卸料时,复位卸料信号
IF 装卸<>10 THEN 装卸=10
'' 注释:在装卸的任意状态,均设置装卸的值为初值
IF 方向<>0 THEN 方向=0
IF 流程<>0 THEN 流程=0
IF 料种<>0 THEN 料种=0
'' 注释:不管小车朝哪个方向前进,不管运行到哪个
流程,不管搬运什么料种,均复位方向、流程和料种;
```

图 5-40　关闭 - 还原脚本程序

复位 2 策略编写:复位 2 的策略是清空和复位单周期流程和手动状态。复位 2 策略的表达式是:"模式 =3 and 模拟运行开关 =1",满足表达式的值非 0 时条件成立,如图 5-42 所示。

复位 2 策略的功能和开关策略的停止功能一致,复位 2 的脚本程序直接引用图 5-40

开关脚本程序即可。

图 5-41　开关表达式条件设置　　　图 5-42　复位 2 表达式条件设置

复位 1 策略编写：复位 1 的策略是清空和复位自动流程和单周期流程。复位 1 策略的表达式是："模式 =1 and 模拟运行开关 =1"，满足表达式的值非 0 时条件成立，如图 5-43 所示。

复位 1 策略的功能和开关策略、复位 2 策略的功能基本一致，但是可以省略 4 个手动状态动作的表达式，如图 5-44 所示。

```
IF 移动 >0 THEN 移动 =0
IF 车料 >0 THEN 车料 =0
IF 装卸 <>10 THEN 装卸 =10
IF 方向 <>0 THEN 方向 =0
IF 流程 <>0 THEN 流程 =0
IF 料种 <>0 THEN 料种 =0
'' 注释：与开关策略和复位 2 策略类似，但不
需要复位"左"、"右"、"装料"、"卸料"这 4
个手动状态表达式功能
```

图 5-43　复位 1 表达式条件设置　　　图 5-44　复位 1 脚本程序

单次循环策略编写：单次循环策略是运料小车的单周期运行模式。单次循环策略的表达式是："模式 =2 and 模拟运行开关 =1"，满足表达式的值非 0 时条件成立，如图 5-45 所示。

自动循环策略编写：自动循环策略是运料小车的自动循环运行模式。单次循环策略的表达式是："模式 =0 and 模拟运行开关 =1"，满足表达式的值非 0 时条件成立，如图 5-46 所示。

单次循环策略的脚本程序如图 5-47 所示。

自动循环的脚本程序与单次循环的脚本程序差别较小，主要是单个流程运行结束后，是否触发"装卸 =0"这个小车运行的初始状态，如图 5-48 所示。

图 5-45　单次循环策略的表达式

图 5-46　自动运行策略的表达式

```
IF 装卸=10 THEN 装卸=0
IF 装卸=0 THEN
    车料 = 车料 +0.1
ENDIF
IF 装卸=0and 车料>=10and 移动<=0THEN
    方向=1
ENDIF
IF 方向=1 THEN
    移动 = 移动 +0.2
ENDIF
IF 移动>=35 and 方向=1 THEN
    方向=0
ENDIF
IF 装卸=0and 方向=0and 车料>=10THEN
    装卸=1
ENDIF
IF 装卸=1 THEN
    车料 = 车料 -0.1
ENDIF
IF 装卸=1 and 车料<=0 THEN
    装卸=2
ENDIF
IF 装卸=2 THEN
    车料 = 车料 +0.1
ENDIF
IF 装卸=2 and 车料>=10 THEN
    方向=2
ENDIF
IF 方向=2 THEN
    移动 = 移动 -0.2
ENDIF
IF 移动<=0 THEN
```

图 5-47　单次循环的脚本程序

```
IF 装卸=0 THEN
    车料 = 车料 +0.1
ENDIF
IF 装卸=0 and 车料>=10 and 移动<=0 THEN
    方向=1
ENDIF
IF 方向=1 THEN
    移动 = 移动 +0.2
ENDIF
IF 移动>=35 and 方向=1 THEN
    方向=0
ENDIF
IF 装卸=0 and 方向=0and 车料>=10 THEN
    装卸=1
ENDIF
IF 装卸=1 THEN
    车料 = 车料 -0.1
ENDIF
IF 装卸=1 and 车料<=0 THEN
    装卸=2
ENDIF
IF 装卸=2 THEN
    车料 = 车料 +0.1
ENDIF
IF 装卸=2 and 车料>=10 THEN
    方向=2
ENDIF
IF 方向=2 THEN
    移动 = 移动 -0.2
ENDIF
IF 移动<=0 THEN
    方向=0
```

图 5-48　自动循环的脚本程序

笔记栏

```
    方向 =0
ENDIF
IF 装卸 =2 and 移动 <=0 THEN
    装卸 =3
ENDIF
IF 装卸 =3 THEN
    车料 = 车料 -0.1
ENDIF
IF 车料 <=0 and 装卸 =2 THEN
    装卸 =11
ENDIF
IF 料种 =1 or 装卸 =2and 移动 >=35 THEN
     料种 =1
ENDIF
IF 移动 <=0 and 车料 <=0 THEN
     料种 =0
ENDIF
```

图 5-47　单次循环的脚本程序（续）

```
ENDIF
IF 装卸 =2 and 移动 <=0 THEN
    装卸 =3
ENDIF
IF 装卸 =3 THEN
    车料 = 车料 -0.1
ENDIF
IF 车料 <=0 THEN
    装卸 =0
ENDIF
IF 料种 =1 or 装卸 =2 and 移动 >=35 THEN
     料种 =1
ENDIF
IF 移动 <=0 and 车料 <=0 THEN
     料种 =0
ENDIF
```

图 5-48　自动循环的脚本程序（续）

手动策略编写：手动策略是运料小车的手动控制模式。手动策略的表达式是："模式 =4 and 模拟运行开关 =1"，满足表达式的值非 0 时条件成立，如图 5-49 所示。

手动运行的脚本程序思路：当装料、卸料、左移、右移按键触发后，分别执行车料的加减和移动的加减，当各个加减数值运行到位后，立刻复位该按键的功能，即代表完成该项按键的功能动作。手动运行的脚本程序如图 5-50～图 5-52 所示。

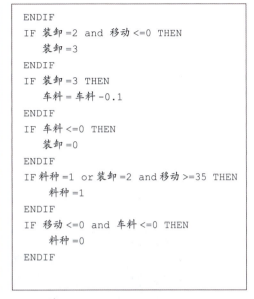

图 5-49　手动策略的表达式

```
IF 装料 =1 THEN
    车料 = 车料 +0.1
ENDIF
IF 车料 >=10 THEN
    装料 =0
ENDIF
```

图 5-50　手动装料脚本程序

```
IF 卸料 =1 THEN
    车料 = 车料 -0.1
ENDIF
IF 车料 <=0 THEN
    卸料 =0
```

图 5-51　手动卸料及料种判断脚本程序

```
IF 右 =1 THEN
    移动 = 移动 +0.2
ENDIF
IF 移动 >=35 THEN
    右 =0
```

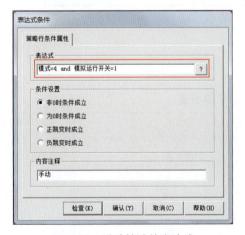

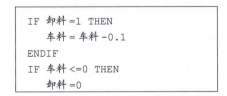

图 5-52　手动左移右移脚本程序

笔记栏

```
ENDIF
IF 料种=1 or 装料=1 and 移动>=35 THEN
    料种=1
ENDIF
IF 移动<=0 and 车料<=0 THEN
    料种=0
ENDIF
```

图 5-51　手动卸料及料种判断脚本程序（续）

```
ENDIF
IF 左=1 THEN
    移动=移动-0.2
ENDIF
IF 移动<=0 THEN
    左=0
ENDIF
```

图 5-52　手动左移右移脚本程序（续）

 运行调试

组态设计完成后，下载并仿真运行智能运料小车，动作画面如图5-53所示。

视　频
运料小车虚拟运行动画

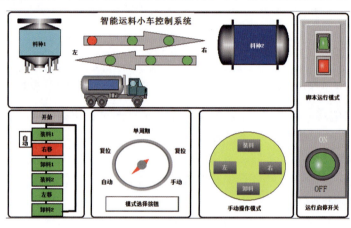

图 5-53　虚拟仿真运行模式

 评价

具体评分表见表5-4。

表 5-4　评分表

评分表 _____学年		工作形式 □个人 □小组分工 □小组	工作时间/min _____	
任务	训练内容	训练要求	学生自评	教师评分
智能运料小车触摸屏设计与仿真运行	1. 数据建立，20分	实时数据库里的数据名称建立正确，10分 数据类型设置正确，10分		
	2. 用户窗口设计，30分	运料小车组态画面现实正确，5分 流程运行状态显示正确，5分 运行模式按钮功能正确，5分 运行启停开关功能正确，5分 模式选择按钮功能正确，5分 手动操作模式功能正确，5分		
	3. 脚本程序编写，30分	自动、单周期、手动脚本程序编写正确，30分		
	4. 系统运行调试，10分	仿真运行动作正确，10分		
	5. 职业素养与操作规范，10分	工作过程及实训操作符合职业要求，5分 遵守劳动纪律，安全操作，保持工位整洁，5分		

学生：_____ 教师：_____ 日期：_____

练习与提高

1. 在动画属性设置中,"水平移动"的距离大小是如何获得的?
2. 仔细思考脚本程序的编写过程,如果本任务自动流程的脚本程序全部删除,采用 PLC 程序进行控制,请设计出自动流程的 PLC 运行程序。
3. 参考图 5-54 所示,完成某小车的自动运料系统设计,小车从左侧出发,到右侧完成装料,然后运回左侧卸料。要求所有控件都能动画运行。
4. 若把循环运行策略中的定时循环时间修改为 1 000 ms,再次启动后,小车会如何运行?
5. 小车进行水平移动时,若运行位置达不到物料卸料站,如何进行修改?

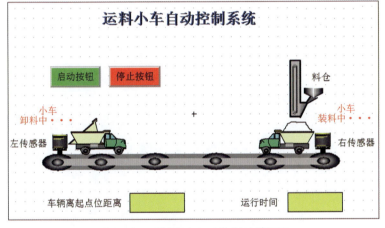

图 5-54　运料小车自动控制系统画面

6. 请在云平台完成该任务。

▶ 任务3　智能运料小车的PLC控制与运行

🐼 任务目标

(1)会设计运料小车 PLC 程序;
(2)能完成变量连接;
(3)完成触摸屏与 PLC 的联机调试。

🐼 任务描述

在完成智能运料小车虚拟仿真运行后,与 PLC 联机,实现实时监控,实现数字孪生功能。

任务训练

控制系统采用三菱 FX3U 系列 PLC 驱动 E840 变频器，控制运料小车电动机，物料装载传感器提供液位检测信号。PLC 系统的结构框图如图 5-55 所示，能实现运料小车的自动、单周期、手动三个模式运行。PLC 系统接线原理图如图 5-56 所示。

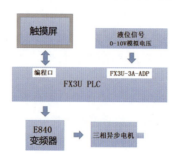

图 5-55　PLC 系统结构框图

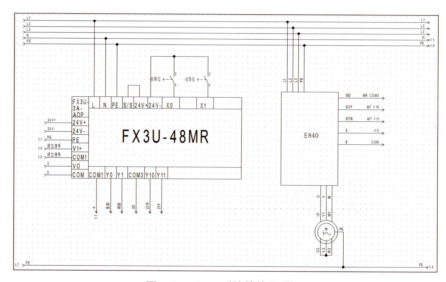

图 5-56　PLC 系统接线原理图

1 设备窗口数据连接

在设备窗口中建立数据连接，可编程控制器与触摸屏的连接变量表见表 5-5。

表 5-5　可编程控制器与触摸屏的连接变量表

数据内容	组态数据	PLC 数据	数据内容	组态数据	PLC 数据
手动装料开关	装料	Y0	当前运行模式值	模式	D10
手动卸料开关	卸料	Y1	储料罐中的物料种类	料种	D20
手动右移开关	右移	Y12	当前运行流程数值	流程	D30
手动左移开关	左移	Y13	小车水平移动的位置数值	移动	D120
PLC 和脚本切换开关	模拟运行开关	M10	可以大小变化的物料数值	车料	D220
系统启停	开关	M20			

2 PLC解决方案实施

1. 典型解决方案	2. 学生解决方案
模拟运行通过后，进入设备联机调试运行流程，本任务以 MCGS 公司的 TPC7072Gi/Gt 触摸屏连接三菱 FX 系列 PLC 为例	选择的触摸屏型号为：_____ 选择的 PLC 型号为：_____
（1）在设备窗口中，选择：通用串口父设备	（1）在设备窗口中，选择：_____父设备
（2）在设备窗口的 PLC 菜单中，选择：三菱-FX 系列编程口	（2）在设备窗口的 PLC 菜单中，选择：_____
（3）父设备在上，下面挂接子设备 设备窗口：设备窗口 　通用串口父设备0--[通用串口父设备] 　　设备0--[三菱_FX系列编程口]	（3）完成父设备与子设备的挂接
（4）设置通用串口父设备属性： | 设备属性名	设备属性值 | |---|---| | 最小采集周期（ms） | 1000 | | 串口端口号（1~255） | 0-COM1 | | 通信波特率 | 6-9600 | | 数据位位数 | 0～7位 | | 停止位位数 | 0～1位 | | 数据校验方式 | 2-偶校验 |	（4）设置父设备属性： 父设备端口号设置：_____ 通信波特率设置：_____ 数据位位数：_____ 停止位位数：_____
（5）设备通道连接：	（5）设备通道连接：

典型解决方案通道表：

变量名	通道名称	变量名	通道名称
装料	Y0	模式	D10
卸料	Y1	料种	D20
右移	Y12	流程	D30
左移	Y13	移动	D120
模拟运行开关	M10	车料	D220
开关	M20		

学生解决方案通道表：

变量名	通道名称	变量名	通道名称
装料		模式	
卸料		料种	
右移		流程	
左移		移动	
模拟运行开关		车料	
开关			

1. 典型解决方案	2. 学生解决方案
（6）PLC 程序的编写： 请扫描二维码	（6）PLC 程序的编写： （请另外附纸）
（7）变频器参数设置： Pr79：2	（7）变频器参数设置：
（8）模拟量模块： FX3U-3A-ADP	（8）模拟量模块：
（9）分别下载触摸屏和 PLC 程序，完成联机调试	（9）分别下载触摸屏和 PLC 程序，完成联机调试

视频 运料小车PLC程序讲解

素材 PLC程序样例

评价

具体评分表见表 5-6。

表 5-6 评分表

评分表 _____学年		工作形式 □个人 □小组分工 □小组		工作时间/min _____	
任务	训练内容	训练要求		学生自评	教师评分
智能运料小车的PLC控制与运行	1. 设备窗口设计，30 分	触摸屏设备窗口设置正确，10 分 设备窗口数据关联正确，20 分			
	2. PLC 程序设计，20 分	PLC 程序编写正确，20 分			
	3. 触摸屏与 PLC 连接，30 分	触摸屏与 PLC 硬件连接正确，10 分 PLC 程序下载正确，10 分			
	4. PLC 程序运行调试，20 分	触摸屏显示数据与 PLC 通信正常，10 分 触摸屏画面与 PLC 动作关联正常，10 分			
	5. 职业素养与操作规范，10 分	工作过程及实训操作符合职业要求，5 分 遵守劳动纪律，安全操作，保持工位整洁，5 分			

学生：_____ 教师：_____ 日期：_____

练习与提高

1. 在 PLC 程序中，"水平移动"的距离大小是如何获得的？装料动画又是如何实现的？

2. 仔细思考脚本程序的编写过程，如果本任务的脚本程序全部删除，采用 PLC 程序进行控制，请设计出 PLC 运行程序。

3. 参考图 5-55，完成某小车的自动运料系统设计，小车从左侧出发，到右侧，料仓打开装料，完成装料后，运回左侧卸料。要求在上一任务的触摸屏画面基础上，使用 PLC 程序进行动画运行。

任务4　智能运料小车计算机、手机远程监控

任务目标

（1）掌握通过手机远程监控智能运料小车；

（2）掌握通过计算机操作远程监控智能运料小车；

（3）能通过网络实现触摸屏界面的远程下载更新；

（4）完成通过网络实现 PLC 程序的远程穿透下载。

任务描述

完成智能运料小车手机端和计算机端的远程监控，并能实现触摸屏组态界面的远程下载调试及 PLC 程序的远程修改调试。

1 触摸屏Wi-Fi连接设置

触摸屏上电后,在进入运行画面前,连续单击触摸屏面板,进入"系统参数设置"界面,如图5-57所示。单击进入"TPC系统设置"界面。单击"网络"标签,在"网卡"选项中选择"Wi-Fi"选项,然后单击"配置"按钮,进入"Wi-Fi配置"窗口,如图5-58所示。

图5-57 "系统参数设置"界面　　图5-58 Wi-Fi配置

"使能"选择"启用"选项,单击SSID下拉框,选择要连接的无线网络名称,然后输入密码,单击"连接"按钮,如图5-59所示。连接成功后,状态由"未连接"变成"已连接",然后关闭"Wi-Fi配置"窗口。单击"物联网"标签,设置好"服务地址"、"设备名称"、"用户名"、"密码"和"VNC密码",设置完成后单击"确定"按钮。按照4G版同样的方法单击"上线"按钮,如图5-60所示,触摸屏联网功能设置完成(4G版触摸屏可以参照设置)。

 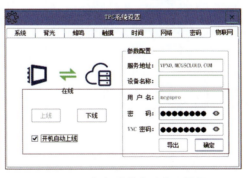

图5-59 无线网络名称输入　　图5-60 设备登录名称密码设置

2 手机远程监控

(1)手机端安装

在安卓系统的手机端上安装"MCGS调试助手.apk文件",如图5-61所示。安装时,必须将手机权限设置为允许软件后台运行VPN,VPN的App在部分手机界面上可能不会显示。安装成功后,手机端会生成三个软件,如图5-62所示。

图 5-61　安装 MCGS 调试助手

图 5-62　手机端的软件显示

（2）手机端调试

打开手机上的调试助手 App，选择远程调试功能，填写账号和密码后登录，如图 5-63 所示。账号和密码根据触摸屏系统设置中物联网的参数配置来填写，参考图 5-60。

手机 App 登录后，根据设备名称找到设备，单击左下角联机功能键进行联机，联机成功后，单击 VNC 进入界面，如图 5-64 所示。

图 5-63　登录界面

图 5-64　设备列表查看

VNC 进入时，若弹出对话框，则单击 OK 和 Continue 按钮继续，如图 5-65 和图 5-66 所示。Password 请参照图 5-60 的 VNC 密码完成密码输入，如图 5-67 所示。

3　三菱PLC串口远程穿透

MCGS 物联网触摸屏配合 MCGS 调试助手（PC 端），可实现远程穿透功能，即实现远程 PLC 的固件更新、程序上传下载、程序监控，以及 HMI 的远程模拟运行，同一网络内 HMI（非物联网触摸屏）的远程上下载及监视等功能。通过一系列的远程操作，远程穿透功能大大节约了客户设备的运维成本。

图 5-65　VNC 对话框 1　　　图 5-66　VNC 对话框 2　　　图 5-67　Password 密码输入

MCGS 触摸屏支持串口和以太网两种远程穿透方式。本任务以三菱 FX3U 为例介绍串口的远程穿透操作。

计算机版调试助手安装设置：首先在计算机上安装好"MCGS 调试助手"应用程序，安装完成后在桌面产生 MCGS 调试助手的快捷方式，单击进入调试助手。登录账号密码后，选择需要联机的触摸屏，单击"联机"按钮，进入联机状态。

（1）触摸屏程序远程下载

远程触摸屏设备进行联机后，返回到 MCGSPro 编程软件界面，单击工具菜单的"下载工程"，目标机名可以选择两种方式，第一种是触摸屏 TCP/IP 的物理地址，第二种是"调试助手"软件界面上，设备列表中显示的动态内网 IP 地址，如图 5-68 所示。图 5-69 所示为下载完成后，通过 VNC 监控的远程运行画面。

素材

MCGS调试
助手_V1.7

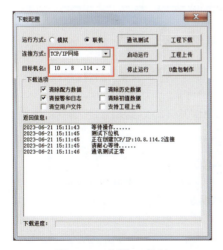
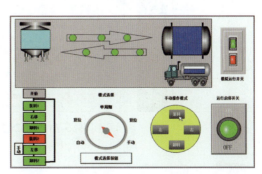

图 5-68　内网 IP 地址　　　　　图 5-69　远程运行画面

（2）PLC 程序穿透下载

穿透操作之前，要确保触摸屏和 PLC 已通过编程口进行连接。设备联机成功后，单击"穿透"按钮，弹出"串口穿透"窗口，主要分为三个部分，框 1：安装及卸载虚拟串口，可查看虚拟串口编号；框 2：默认即可，与调试助手里面的内网 IP 一致；框 3：HMI 和 PLC 通过串口穿透时，通信参数设置注意和 PLC 保持一致，如图 5-70 所示。单击"安装"按钮，进行虚拟串口安装。安装完成后会显示出虚拟串口的编号，在计算机的设备管理器中也可查看到该 COM 口。选择 HMI 和 PLC 之间物理连接的串口编号，设置好通信参数，要与 PLC 保持一致，选择"开启穿透"选项，等待穿透开启成功。

图 5-70　穿透设置

穿透成功后，打开三菱编程软件，连接目标设置窗口，按照图 5-71 所示步骤，设置好虚拟串口的端口号，单击"确定"按钮。单击"通信测试"按钮，若通信测试成功，后续即可在三菱 PLC 软件中进行程序的上传、下载和监控等远程操作。

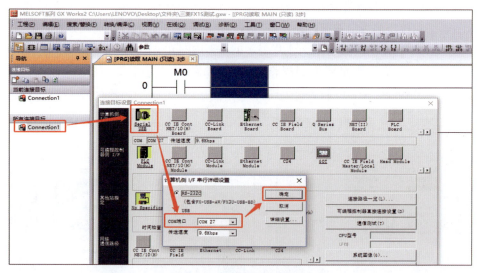

图 5-71　PLC 参数设置

具体评分表见表 5-7。

表 5-7　评分表

评分表 _____学年		工作形式 □个人 □小组分工 □小组	工作时间 /min _____	
任务	训练内容	训练要求	学生自评	教师评分
智能运料小车计算机、手机远程监控	1. App 程序和电脑软件的安装，20 分	在手机上安装调试助手 App 程序，10 分 在计算机上安装调试助手软件，10 分		
	2. 触摸屏网络功能联接和物联网参数设置，30 分	触摸屏 4G 或 Wi-Fi 联网正常，10 分 物联网参数设置正确，10 分 物联网账号、密码设置正确，10 分		
	3. 手机、计算机与触摸屏联机，20 分	手机能与对应的触摸屏设备联机并实现监控，10 分 计算机能与对应的触摸屏设备联机并实现监控，10 分		
	4. 网络穿透下载，20 分	PLC 虚拟端口设置正确，10 分 PLC 能远程穿透下载程序，监控调试，10 分		
	5. 职业素养与操作规范，10 分	工作过程及实验实训操作符合职业要求，5 分 遵守纪律，保持工位整洁，5 分		

学生：_____ 教师：_____ 日期：_____

练习与提高

1. Wi-Fi 版触摸屏进行远程下载和监控时，调试助手软件中，如何快速找到需要连接的设备？

2. Wi-Fi 版触摸屏进行联网时，若显示上线不成功，需要检查哪些设置？

3. PLC 远程穿透中，若提示穿透不成功，需要检查哪些设置？

4. 在企业现场，如果使用了 Wi-Fi 版的触摸屏，在现场 Wi-Fi 没有开通的情况下，借助编程人员的手机，如何快速判断触摸屏联网功能是否正常？

5. 请在云平台完成该任务。

项目6　智能分拣控制工程

【导航栏】二十大报告指出：支持专精特新企业发展，推动制造业高端化、智能化、绿色化发展。本项目采用物联网触摸屏和阿里云技术，进行系统的仿真运行，并能实现远程传输、调试、诊断。"智"向未来，提升制造业水平，突破点在于数字技术，特别是数据的应用。如何让数据产生价值？人才是其中一个重要因素。

【项目介绍】

分拣控制系统能够实现不同类型物料的分拣，该系统由触摸屏、S7-1500 PLC、变频器、传感器、气缸等组成。使用变频器控制传送带运行，系统采用传感器检测出不同的物料类型，由气缸推进相应料仓，设备如图6-1所示。具体动作可扫描二维码进行查看。

视频
触摸屏仿真动作

视频
系统实物动作

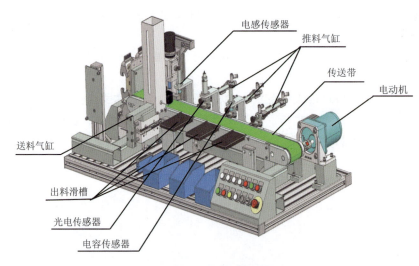

图 6-1　分拣控制设备

如图6-2所示，该系统采用西门子S7-1500作为控制器，触摸屏和PLC采用以太网模式进行通信，实现操作以及系统监控；电容传感器、电感传感器和光电传感器分别检测出金属物料、白色物料和黑色物料信息，PLC根据传感器的检测结果控制气缸的相应动作，从而实现分拣的功能。

除完成基本功能外，还要实现以下功能：一是实现触摸屏程序远程上传和下载升级，快速远程注入程序优化工艺；二是实现PLC远程穿透和远程调试及诊断；三是实现异地用手机、计算机监控现场，达到"上门服务"的效果，节省时间、人力成本。

模块五　能手篇　青衿之志，履践致远

项目分3个任务，任务1智能分拣触摸屏设计与仿真；任务2智能分拣系统控制与运行；任务3远程云端控制与调试。

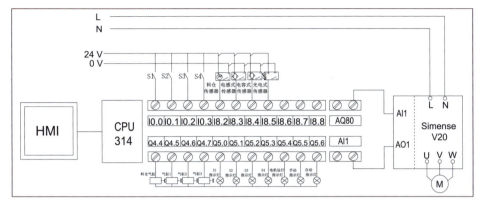

图6-2　电气原理图

任务1　智能分拣触摸屏设计与仿真

任务目标

（1）掌握策略组态中函数的使用方法；
（2）能够使用策略组态完成传送带工件动作；
（3）能够完成分拣系统模拟仿真。

任务描述

触摸屏界面设计包括企业Logo、企业文化、二维码操作说明书及用户界面转换按钮，从而让操作员能设定、读写变频器参数和查阅电气图等资料，提供方便、及时、准确的现场设备远程维护服务，提高系统的性价比，奠定设备数字化的竞争优势。

触摸屏设计构成如图6-3所示。

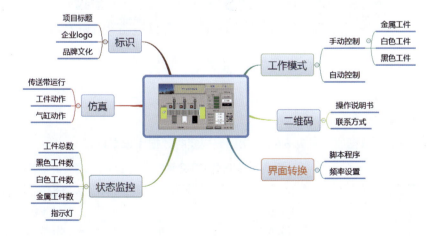

图6-3　触摸屏设计构成

笔记栏

践悟

习近平总书记在哲学社会科学工作座谈会上指出："自古以来，我国知识分子就有'为天地立心，为生民立命，为往圣继绝学，为万世开太平'的志向和传统。"其中四句是北宋张载所著《横渠语录》，著名哲学家冯友兰将其称作"横渠四句"，其言简意宏，传诵不绝，成为历代中国知识分子的理想追求及对个体、社会、文化、世界的责任担当和博大胸怀。

触摸屏界面设计原则见表6-1，内容要全面，满足客户要求，布局合理，方便操作，另外，对一些功能异常的报警模块颜色标识要醒目等。

表 6-1 触摸屏界面设计原则

触摸屏设计界面评价标准		
类别	设计内容	设计方案
布局	界面整体布局	根据界面内容，选择合适的布局方案
	功能模块布局	对同一功能的模块进行归类
色彩	界面整体色彩	灰黑色、暗色
	参数显示标识颜色	白色，与暗色界面形成高度对比度
	功能正常标识颜色	绿色、白色，与暗色界面形成高对比度
	功能异常标识颜色	红色、黄色，与正常标识色形成高对比度
	报警模块标识颜色	红色、黄色，与正常标识色形成高对比度
内容	通用数据（标题、时间等）	内容和格式应在各子系统界面保持一致
	设备标识	格式为：设备名+设备编号
	设备数据	根据数据类型合理选择显示精度
	报警内容	编号+设备名+故障内容+时间

根据以上分析，设计用户窗口界面如图6-4所示，左侧为仿真区，反映实体设备的运行状况；右侧为功能区，包括工作模式、状态监控及频率设定等，可以实现系统复位、启停以及物料类型的自动生成，同时进行物料计数和对系统中的传感器状态进行监控。

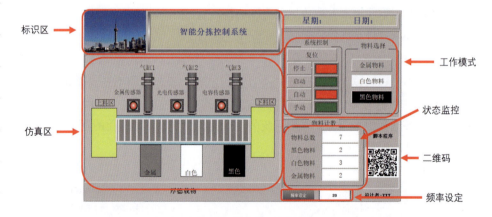

图 6-4 用户窗口界面图

任务训练

 1 实时数据库组态

本任务实时数据库变量见表6-2，按图完成实时数据库数据设置。

表 6-2 实时数据库变量表

名 称	类 型	对象初值	数据说明
复位	开关型	0	系统复位
启动	开关型	0	传送带启动

续表

名　称	类　型	对象初值	数据说明
自动	开关型	0	切换系统自动/手动
物料类型	数值型	0	确定生成的物料类型
物料总数	数值型	0	物料总数
黑色物料计数	数值型	0	黑色物料总数
白色物料计数	数值型	0	白色物料总数
金属物料计数	数值型	0	金属物料总数
随机数	数值型	0	产生一个随机数
随机数取整	数值型	0	随机数取整作为物料类型
气缸1上下移动	数值型	0	气缸1动作
气缸2上下移动	数值型	0	气缸2动作
气缸3上下移动	数值型	0	气缸3动作
物料水平位置	数值型	0	物料水平位置
物料水平位移设定值	数值型	0	物料位置设定值
物料上下位置	数值型	0	物料上下移动位置
传送带运行	数值型	0	传送带运行位置
程序步骤	数值型	0	程序步骤

2 用户窗口设计

1）制作传送带

单击工具箱中的"矩形"按钮，在用户窗口空白处单击并拖动鼠标，画出一个大小合适的矩形框，双击该矩形框，修改"填充颜色"为浅蓝色。单击工具箱中的"流动块"按钮，画出大小合适的流动块，流动块构件属性设置如图6-5所示。

2）制作气缸

单击公共图库中的"传感器15"，通过分解、绘制和组合等操作完成气缸推杆和气缸的绘制，如图6-6、图6-7所示。具体步骤可扫描二维码观看，读者也可自行选择图片或采用图库中已有的图片进行绘制。

图 6-5　流动块构件属性设置

制作气缸

图 6-6　制作气缸推杆

图 6-7　制作气缸

按照图6-8、图6-9所示设置气缸推杆属性，采用相同的方法制作另外两个气缸，注意气缸推杆"垂直移动"属性设置中的表达式分别为"气缸2上下移动"和"气缸3上下移动"。

图6-8　气缸推杆属性设置1　　　　图6-9　气缸推杆属性设置2

3）工件制作

在工具箱中的"常用符号"选择"立方体"按钮，在用户窗口中的空白位置画一个立方体，在立方体属性中，设置"水平移动"选项卡，"表达式"选择"物料水平位置"，"最大移动偏移量"和"表达式的值"都设为400，如图6-10所示。切换到"垂直移动"选项卡，"表达式"选择"物料上下位置"，"最大移动偏移量"和"表达式的值"都设为80，如图6-11所示。

 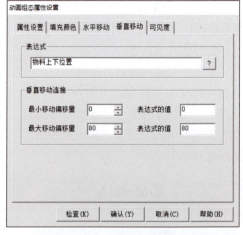

图6-10　工件水平移动属性设置　　　　图6-11　工件垂直移动属性设置

切换到"填充颜色"选项卡，表达式选择"物料类型"，单击"增加"按钮，选择"1"分段点对应颜色为金属，模拟金属物料，"2"分段点对应颜色为白色，模拟白色塑料物料，"3"分段点对应颜色为黑色，模拟黑色塑料物料，如图6-12所示。切换至"可见度"选项卡，表达式输入"物料类型>0"，如图6-13所示。

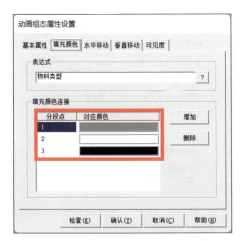
图6-12 工件填充颜色属性设置

图6-13 工件可见度属性设置

4）功能区设计

（1）系统控制区制作

依次完成"复位"按钮、"启动"按钮、"停止"按钮、"自动"和"手动"按钮制作，"启动"按钮连接变量"启动"并"置1"，"停止"按钮连接变量"启动"并选择"清零"。注意，"启动"按钮的脚本程序设置如图6-14所示。制作"复位"按钮，"复位"按钮"操作属性"选项卡设置中选择"复位"变量，选择"置1"功能。请读者自行完成制作启动、停止指示灯、自动、手动指示灯。

系统控制区制作

（2）物料选择区制作

在窗口空白处绘制"黑色物料"按钮，设置按钮属性，切换到"脚本程序"选项卡，输入如图6-15所示脚本。使用同样的方法制作"白色物料"和"金属物料"按钮。经过调整、排列等操作，将物料选择区制作完成。

物料选择区制作

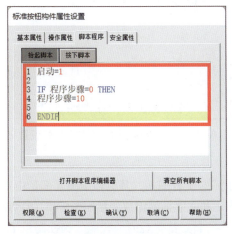
图6-14 "启动"按钮脚本程序设置

图6-15 "黑色物料"按钮属性设置

（3）物料计数区制作

在窗口空白处绘制输入框作为"物料总数"的计数显示框，设置输入框属性，切换到"操作属性"选项卡，单击"对应数据对象的名称" 按钮选择数据对象"物料

物料计数区

总数"，如图6-16所示。使用相同的方法再绘制3个输入框分别作为黑色物料、白色物料和金属物料显示框，在"输入框构件属性设置"的"操作属性"选项卡中分别连接变量"黑色物料计数"、"白色物料计数"和"金属物料计数"。最后将文字标签和输入框整齐排列。

（4）传感器状态制作

在用户窗口合适位置绘制金属传感器状态监控指示灯。"单元属性设置"对话框中切换至"动画连接"选项卡，选中第一个"三维圆球"，如图6-17所示，单击 按钮，在弹出的"动画组态属性设置"对话框的表达式中输入

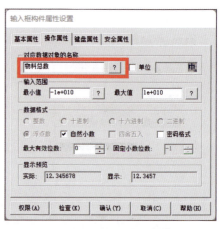

图6-16 "物料总数"输入框属性设置

"物料类型=1 AND (物料水平位置+12) > 物料水平位移设定值"，选中"构件可见"单选按钮，如图6-18所示。

绘制另外2个指示灯，分别用来监控光电传感器和电容传感器的运行状态，使用相同的方法进行属性设置，表达式中输入"物料类型=2 AND (物料水平位置+12) > 物料水平位移设定值"和"物料类型=3 AND (物料水平位置+12) > 物料水平位移设定值"。

图6-17 金属传感器指示灯单元属性设置1

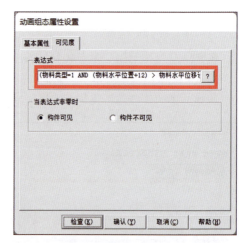

图6-18 金属传感器指示灯单元属性设置2

5）建立完整的用户界面

经过以上几个步骤，可以制作用户界面所需的所有图元，其他辅助图元都是由不同底色或者无底色的"矩形"、"圆角矩形"图元和文字标签组成，参照图6-4的用户界面形式经过调整大小、排列等操作，制作完成一个完整美观的"智能分拣控制系统"用户界面。

③ 运行策略组态

图6-19所示为系统运行脚本程序流程图。仿真系统自动随机产生不同类型的物料，根据物料类型确定不同物料在传送带上被送入料仓的位置；物料产生后，在传送带上

进行水平移动，过程中传感器进行检测，根据检测结果，各个气缸动作将物料推入正确料仓，等新的物料随机生成，进入下一轮循环。

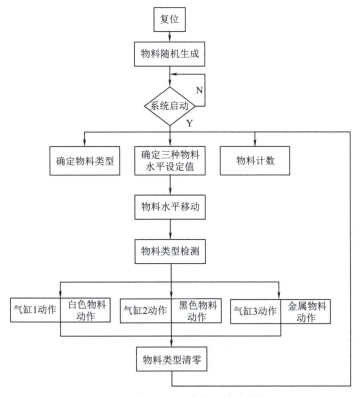

图 6-19　系统运行脚本程序流程图

（1）复位程序

① 切换到工作台中的"运行策略"选项卡，再单击"新建策略"按钮，弹出"选择策略的类型"对话框，选择"循环策略"命令，生成了一个"策略1"，再单击"策略属性"按钮，在"策略名称"文本框中输入"系统运行策略"，将循环时间设置为 60 ms，如图6-20、图6-21所示。

图 6-20　策略属性设置

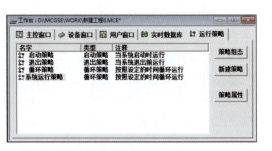

图 6-21　工作台运行策略

② 双击"系统运行策略",在"工具条"上单击 按钮,然后在"策略工具箱"中单击"脚本程序"命令,再到"策略行"右侧的图标上单击,则右侧的图标增加了"脚本程序"构件,如图6-22所示。

③ 双击 图标,对策略的条件进行设定,如图6-23所示。

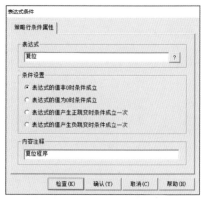

图 6-22 策略属性设置　　　　　　　　图 6-23 工作台运行策略

④ 双击"脚本程序"图标,弹出"脚本程序"对话框,如图6-24所示。输入复位程序,如图6-25所示。复位程序要求将系统中所有变量清零。

图 6-24 脚本程序对话框　　　　　　　图 6-25 复位程序

(2)"随机生成物料"程序

① 双击"系统运行策略",在"工具条"上单击 按钮,然后在"策略工具箱"中单击"脚本程序"命令,再到"策略行"右侧的图标上单击,则右侧的图标增加了"脚本程序"构件。

② 双击"脚本程序"图标,弹出"脚本程序"对话框,输入"随机生成物料"程序。为随机生成物料,使用系统函数!Rand(x,y),该函数可生成随机数,随机数范围在x和y之间,随机数类型为数值型。如图6-26所示,本系统共三种物料,生成随机数在1~4之间,根据生成的随机数确定物料类型。其中1对应黑色塑料物料,2对应白色塑料物料,3对应金属物料。

图 6-26　物料随机生成程序

（3）"系统运行"程序

双击"系统运行策略"，在"工具条"上单击 按钮，然后在"策略工具箱"中单击"脚本程序"命令，再到"策略行"右侧的图标上单击，则右侧的图标增加了"脚本程序"构件。双击"脚本程序"图标，弹出"脚本程序"对话框，输入"系统运行"程序。完整程序可扫描界面二维码查看。

4　调试运行与评价

（1）自动模式

进行图6-27所示的下载配置，进行工程下载并进入模拟运行。单击"自动"按钮，"自动"指示灯绿色显示；按下"启动"按钮，传送带开始运行，系统随机生成各种类型的工件在传送带上移动，观察不同类型物料被推送入不同料仓，同时物料开始计数。按下"停止"按钮，传送带停止，工件复位，系统停止运行。

（2）手动模式

单击"手动"按钮，"手动"指示灯绿色显示；按下"启动"按钮，传送带开始运行，没有物料产生，按下"黑色物料"按钮，黑色物料开始随传送带动作并正确分拣，系统能够正常运行。系统运行状态如图6-28所示。

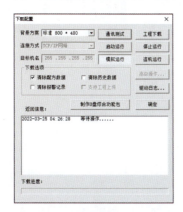

图 6-27　"下载配置"对话框

图 6-28　系统模拟运行界面

调试过程中，按照评分表6-3对任务完成情况做出评价。

表6-3 评分表

评分表 学年		工作形式 □个人 □小组分工 □小组	工作时间/min _____	
任务	训练内容	训练要求	学生自评	教师评分
智能分拣触摸屏设计与仿真	1. 组态界面制作,30分	窗口组态布局合理、色彩搭配合理、内容正确,包含任务要求中的所有元素		
	2. 数据库变量正确建立,10分	对窗口中进行连接的变量名称和类型正确设置		
	3. 脚本程序设计与修改,30分	脚本程序书写规范,功能正确		
	4. 模拟仿真运行,20分	分拣功能,手动模式和自动模式,系统监控功能实现		
	5. 职业素养与安全意识,10分	现场安全保护;工具、器材、导线等处理操作符合职业要求;分工合作,配合紧密;遵守纪律,保持工位整洁		

学生:_____ 教师:_____ 日期:_____

练习与提高

1. 工件的水平移动和垂直移动动画是如何实现的?请找出与工件垂直移动动画相关的程序语句。
2. 工件是如何随机生成的,使用什么函数?
3. 气缸是如何制作的,气缸的运动是如何实现的?
4. 气缸的推出动作是否出现和工件到位不一致的情况?如果有,如何调整?

任务2　智能分拣系统控制与运行

 任务目标

(1)掌握设备组态设置方法;
(2)掌握PLC程序编写方法。

 任务描述

完成智能分拣控制系统PLC程序编写,实现监控功能。

 任务训练

 设备组态

设备使用了西门子1500系列PLC,输入指令信号包括传感器信号、变频器输入等,输出控制信号包括变频器驱动信号、状态显示、气缸控制等,PLC I/O信号分配见表6-4。

表 6-4 PLC I/O 信号分配

PLC变量	触摸屏变量	PLC变量	触摸屏变量
料仓传感器	I8.2	急停	M20.0
电感式传感器	I8.3	手动	M20.1
电容式传感器	I8.4	自动	M20.2
光电式传感器	I8.5	复位	M20.3
急停	I12.6	送料气缸按钮	M10.0
S1按钮	I0.0	金属气缸按钮	M10.1
S2按钮	I0.1	白色气缸按钮	M10.2
S3按钮	I0.2	黑色气缸按钮	M10.3
S4按钮	I0.3	电动机启动按钮	M10.5
频率设定	AQ80	系统自动按钮	M10.6
频率反馈	AI1	电动机运行指示灯	Q5.4
S1指示灯	Q5.0	手动指示灯	Q5.5
S2指示灯	Q5.1	自动指示灯	Q5.6
S3指示灯	Q5.2	送料气缸	Q4.4
S4指示灯	Q5.3	气缸1	Q4.5
		气缸2	Q4.6
		气缸3	Q4.7

在设备窗口中，先后双击"通用TCPIP父设备"和"西门子_1500"，添加至"设备组态"窗口中。参照表6-4，增加相应的PLC寄存器通道，完成"设备组态"设置，具体步骤可扫描二维码查看。

2 PLC编程

根据控制要求，系统程序流程图如图6-29所示。程序设计可采用状态转移程序，按照控制要求执行。

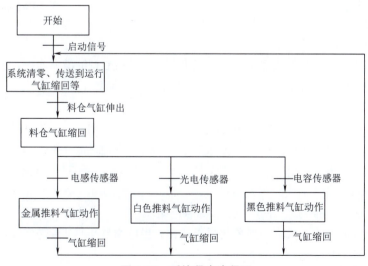

图 6-29 系统程序流程图

如图6-30所示为频率给定程序段，触摸屏频率给定"输入框"与PLC数据寄存器变量相连接,通过"输入框"可以对变频器进行频率设定,范围是0~50 Hz。请读者自行完成PLC程序编写。

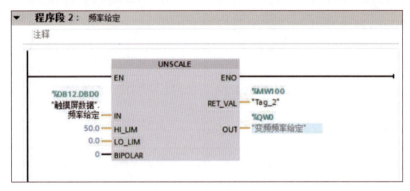

图 6-30 频率给定程序段

3 变频器参数设置

变频器参数设置见表6-5。设置变频器参数,设置连接宏Cn002。

表 6-5 变频器参数设置表

参数	描述	工厂缺省值	Cn002默认值	备注
P0700[0]	选择命令源	1	2	以端子为命令源
P1000[0]	选择频率	1	2	模拟量设定值1
P0701[0]	数字量输入1的功能	0	1	ON/OFF命令
P0702[0]	数字量输入2的功能	0	12	反转
P0703[0]	数字量输入3的功能	9	9	故障确认
P0704[0]	数字量输入4的功能	15	10	正向点动
P0771[0]	CI:模拟量输出	21	21	实际频率
P0731[0]	BI:数字量输出1的功能	52.3	52.2	变频器正在运行
P0732[0]	BI:数字量输出2的功能	52.7	52.3	变频器故障激活

4 测试联机功能

将组态程序下载到触摸屏中,再用以太网方式将PLC与触摸屏连接。进行测试时设备实际动作应该与触摸屏上的仿真动作一致。测试步骤如下。

(1)自动模式

单击"自动"按钮,"自动"指示灯绿色显示;按下"启动"按钮,传送带开始运行,送料气缸将料仓中的工件推入传送带中,不同类型物料被分拣,同时触摸屏上物料开始计数。按下"停止"按钮,传送带停止,工件复位,系统停止运行。

(2)手动模式

单击"手动"按钮,"手动"指示灯绿色显示;按下"启动"按钮,传送带开始运行,没有物料产生,按下"黑色物料"按钮,黑色物料开始随传送带动作并正确分拣,系统能够正常运行。

5 评价

评分表见表6-6。

表6-6 评分表

评分表_____学年		工作形式 □个人 □小组分工 □小组	工作时间/min	
任务	训练内容	训练要求	学生自评	教师评分
智能分拣系统控制与运行	1. 组态下载，10分	正确将组态工程下载至触摸屏中		
	2. 通信连接，15分	PLC和触摸屏通信成功		
	3. 脚本程序与PLC程序，30分	PLC程序的编写		
	4. PLC变量连接，15分	将PLC变量与组态中构件正确相连接		
	5. 功能测试，20分	分拣功能正确实现，手动控制和自动控制能正确运行		
	6. 职业素养与安全意识，10分	现场安全保护；工具、器材、导线等处理操作符合职业要求；分工合作，配合紧密；遵守纪律，保持工位整洁		

学生：_____ 教师：_____ 日期：_____

练习与提高

1. 如何修改组态构件的变量连接？
2. 手自动切换程序怎样修改？
3. PLC与触摸屏通信连接的参数设置？
4. 如何调整设置传送带运行速度？

任务3　远程云端控制与调试

任务目标
（1）掌握阿里云平台与物联网触摸屏连接方法；
（2）能够开发MCGS Web可视化界面，并通过手机/计算机监控触摸屏。

任务描述
根据客户要求，通过昆仑技创在阿里云部署好的服务器上开发智能分拣系统控制界面，并通过手机/计算机监控触摸屏，大大节约客户设备的运维成本。

任务训练

▶ 1　触摸屏端设备组态配置

可以采用本地服务器和第三方服务器两种方式部署云服务器，从而实现Web端监控，如图6-31所示，在同一个Web端可以添加多个设备，同时实现多个人对多个屏的数据管理。

视　频
触摸屏端组态配置

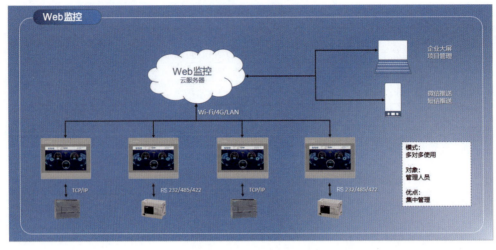

图 6-31 Web 端结构图

本书采用昆仑技创在第三方平台阿里云部署的服务器。在将云服务器部署好后，登录相应的IP地址，即可以在MCGSWeb上开发可视化界面，通过配套组态软件组态工程的MLink驱动，将触摸屏数据上报至服务器。

（1）添加mlink驱动

在工作台中激活设备窗口，鼠标双击 图标进入设备组态画面，单击工具条中的 图标打开"设备工具箱"，在设备工具箱中，鼠标单击"设备管理"选项卡，然后双击"mlink"添加至选定设备中，单击"确认"按钮，如图6-32所示。

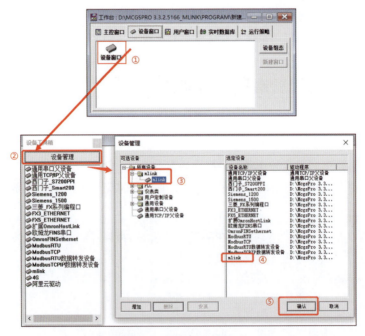

图 6-32 添加 mlink 驱动

在设备工具箱中，双击"mlink"添加至设备组态画面。

（2）mlink驱动配置

双击mlink驱动，连接变量，如图6-33所示。这里需要注意的是，设备名称、服务器地址、服务端口，这三个通道必须连接变量，连接变量后可以在触摸屏上进行相应的设置，从而将触摸屏连接到云端服务器。

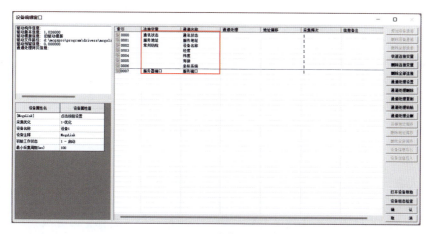

图 6-33　连接 mlink

（3）属性设置

第一步，单击"设置设备内部属性"　图标进入MCGSLink驱动属性设置，如图6-34所示；第二步，进入内部属性界面后，输入MCGSWeb页面访问控制中用户名和密码，如图6-35所示；第三步，单击"关联"按钮，将智能分拣控制系统变量选中，最后单击"确定"按钮。

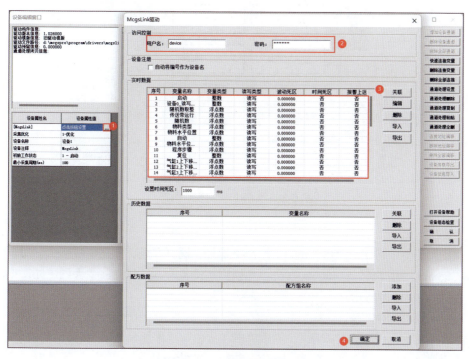

图 6-34　内部驱动属性设置

图 6-35 MCGSWeb 中访问控制设置

视频

云端组态-添加窗口

2 触摸屏端用户窗口组态

首先在"用户窗口"选项卡中，新建如图6-36所示的窗口，其中，"通信状态"、"服务器地址"和"设备名称"标签的"显示输出"分别连接同名的数据库变量；然后在触摸屏中运行工程，并输入服务器地址和设备名称，设置服务器地址为"139.224.50.207"、设备名称为"大国工匠"、端口地址为"35009"，设置好后，通信状态会跳变为"0"，说明触摸屏已经和云端已经连接成功。

图 6-36 触摸屏用户窗口组态

3 云端组态

在浏览器中访问MCGSWeb的组态网络地址，网页登录，如图6-37所示，用户名称：admin，用户密码：4006007062，切换到"设备"，可以看到，"大国工匠"设备已上线，如图6-38所示。

（1）权限管理

在左侧菜单栏单击"权限"，然后单击"角色"、"添加角色"，在弹出的窗口中，输入需要添加的角色名称，单击"确定"按钮，如图6-39所示。

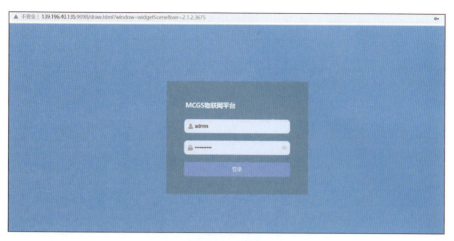

图 6-37　网页登录

图 6-38　云端组态设备查看

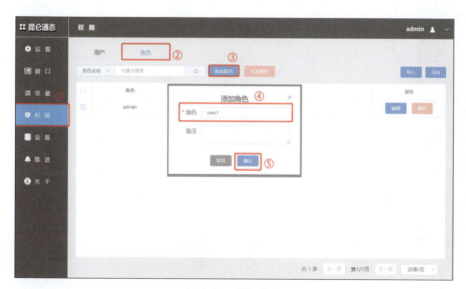

图 6-39　添加角色

单击"用户"、"添加用户",在弹出的窗口中,输入"username"并关联角色,单击"确定"按钮。如图6-40所示,可以让使用者使用该账号密码登录云端监控触摸屏状态。

图 6-40 添加用户

（2）添加窗口

在左侧菜单栏单击"窗口"，单击"添加窗口"，可在弹出的窗口中对窗口的名称进行修改，关联角色，单击"确定"按钮，如图6-41所示，关联的角色可以对该窗口进行查看。单击"编辑"按钮进入窗口组态页面。

图 6-41 添加窗口

（3）编辑窗口

添加构件：从左侧基础组件中选择"标签"拖动至组态画面，在右侧"样式"属性页中将"显示文本"修改为"开关"。同样的方法添加"指示灯"、"浮点数"文本，如图6-42所示。照此方法，编辑如图6-43所示界面。

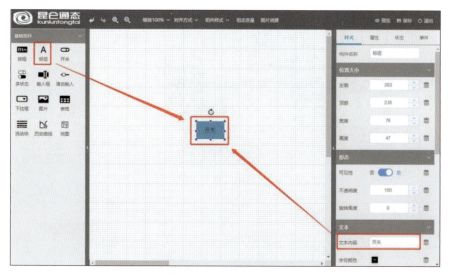

图 6-42　添加标签

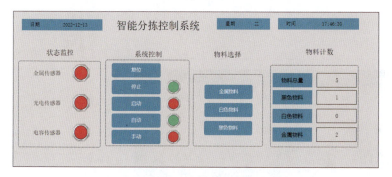

图 6-43　智能分拣控制系统云端界面

（4）数据关联

指示灯数据关联：单击"多状态"控件，在"属性"属性页-"运行状态"中单击 按钮，在弹出的窗口中依次选择"设备名称"、"变量名称"，类型转换为"自动"，单击"确定"按钮，如图6-44所示。

标签显示数据关联：如图6-45所示单击"标签"组件，在右侧"样式"属性页中单击"文本内容"旁的 按钮，在弹出的窗口中依次选择"设备名称"、"变量名称"、"小数位数"，单击"确定"按钮。

图 6-44　指示灯数据关联

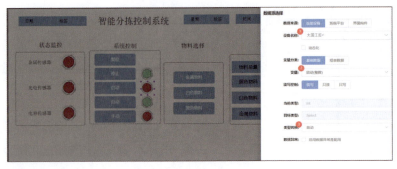

图 6-44 指示灯数据关联（续）

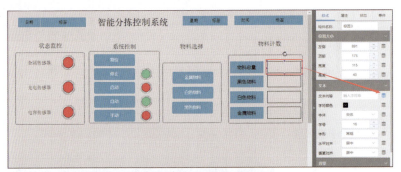

图 6-45 标签页显示数据关联

按钮数据关联：如图6-46所示，单击"按钮"组件，在右侧"事件"属性页中单击"变量选择"旁的 按钮，在弹出的窗口中依次选择"设备名称"、"变量""读写控制"，单击"确定"按钮。

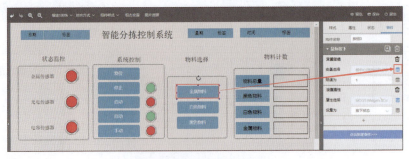

图 6-46 按钮数据关联

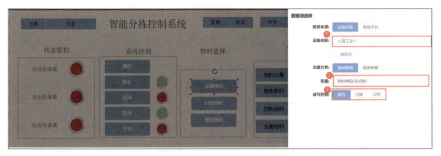

图 6-46 按钮数据关联（续）

按照同样的方法关联所有变量，单击窗口右上方菜单栏中"保存"按钮，对画面组态内容进行保存，然后单击"预览"按钮即进入该窗口预览页面，如图6-47所示。

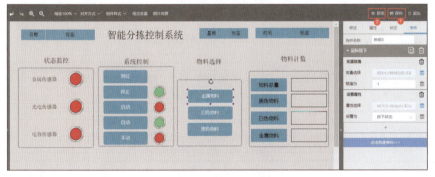

图 6-47 窗口保存预览

在浏览器中访问MCGSWeb的组态网络地址，用户名：username，密码：12345678，即可登录如图6-43界面，对"智能分拣控制系统"进行监控。

在手机中打开浏览器，在弹出的页面中输入MCGSWeb 的IP地址，输入用户密码也可用手机进行监控，如图6-48所示。

图 6-48 手机监控页面

4 调试与评价

完成"智能分拣控制系统"云端组态设置,调试过程中根据情况做出评价,见表6-7。

表6-7 评分表

任务	评分表 _____学年		工作形式 □个人 □小组分工 □小组	工作时间/min _____	
	训练内容		训练要求	学生自评	教师评分
远程云端控制与调试	1. 物联网触摸屏设备组态设置,30分		正确进行触摸屏设备组态设置,正确添加MCGSLink,并连接通信状态等变量		
	2. 触摸屏端窗口组态,20分		在触摸屏中正确运行工程,并设置设备名称,服务器,端口等		
	3. 云端组态与物联网触摸屏连接设置,10分		云端组态与触摸屏连接成功		
	4. 云端组态窗口设计及数据关联,30分		会云端组态窗口设计,构件的选择、数据关联,正确运行云端组态界面		
	5. 职业素养与安全意识,10分		现场安全保护;工具、器材、导线等处理操作符合职业要求;分工合作,配合紧密;遵守纪律,保持工位整洁		

学生:_____ 教师:_____ 日期:_____

练习与提高

1. 如何进行 mlink 内部属性设置?
2. 总结触摸屏和云端组态正确通信的条件。
3. 思考一下,触摸屏端设备无法连接云端组态,该如何解决?
4. 本任务中按钮和指示灯在云端时构建制作时,请仔细思考如何进行构件的数据关联?
5. 请读者尝试部署本地服务器,在本地云平台上完成本任务。
6. 请读者尝试用物联助手实现远程监控。
7. 尝试使用手机完成微信报警推送。
8. 请用私有云完成该任务。

项目7 电梯控制系统虚拟仿真与运行监控

【导航栏】二十大报告指出:加快发展数字经济,促进数字经济和实体经济深度融合,打造具有国际竞争力的数字产业集群。

本项目选自全国职业院校技能大赛"智能电梯装调与维护"赛项,设计四层电梯监控界面,实现虚拟仿真运行,没有真实设备也可以开展实训。

【项目要求】

组态设计四层电梯监控界面,建立运行策略,编辑脚本程序,可实现虚拟仿真运行;连接大赛电梯模型下载PLC程序,可实现数字孪生监控运行。项目分为3个任务,任务1组态界面设计;任务2虚拟仿真运行;任务3电梯运行监控。

为了更好地完成项目任务,首先要了解四层电梯模型的电气控制系统主要组成。该系统主要由拖动控制部分、使用操纵部分、井道信息采集部分、安全防护部分、人机界面触摸屏等组成,如图7-1所示。

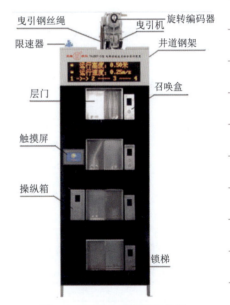

图 7-1 四层电梯模型实物图

(1)拖动控制部分由曳引电动机和控制柜组成。其中曳引电动机轴端装有旋转编码器,用于采集电梯高度和运行速度等信息。

(2)使用操纵部分由轿内操纵箱、厅外召唤箱和检修操作箱组成。

(3)井道信息采集部分由减速传感器、双稳态开关、限位开关等组成。

(4)安全防护部分由极限开关、门联锁开关、对射传感器、锁梯开关组成。

(5)人机界面触摸屏主要用于电梯运行状况的监视与智能控制。

电梯控制系统框图如图7-2所示。触摸屏实现运行监控,与PLC进行数据的双向传输;PLC输入信号主要有传感器、按钮、指示灯等开关量和安装在曳引电动机轴向的编码器脉冲信号;输出信号分别控制变频器和直流电动机,其中变频器驱动曳引电动机带动机构实现轿厢上下行、直流电动机驱动开关门机构实现层门的开关门。

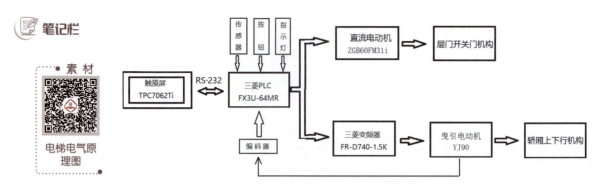

图 7-2　电梯控制系统框图

电梯控制系统PLC输入输出信号分配表见表7-1，电气原理图可扫描二维码下载。

表 7-1　电梯控制系统 PLC 输入输出信号分配表

PLC输入点	电梯实物内部接口	PLC输出点	电梯实物内部接口
X00	编码器高速计数输入A相	Y00	主接触器驱动
X01	编码器高速计数输入B相	Y01	NC
X02	减速永磁感应器	Y02	NC
X03	上强返减速永磁感应器	Y03	NC
X04	下强返减速永磁感应器	Y04	变频器输入RH
X05	电压继电器常开触点	Y05	变频器输入RL
X06	门联锁继电器常开触点	Y06	变频器输入STF
X07	检修开关	Y07	变频器输入STR
X10	上限位开关	Y10	一层内呼指示
X11	下限位开关	Y11	二层内呼指示
X12	变频器运行输出信号	Y12	三层内呼指示
X13	开门继电器常开触点	Y13	四层内呼指示
X14	安全触板开关、开门按钮	Y14	一层外呼上指示
X15	关门按钮	Y15	二层外呼上指示
X16	超载开关	Y16	三层外呼上指示
X17	NC	Y17	显示驱动A
X20	一层内呼按钮、检修慢下按钮	Y20	显示驱动B
X21	二层内呼按钮	Y21	显示驱动C
X22	三层内呼按钮	Y22	显示驱动D
X23	四层内呼按钮、检修慢上按钮	Y23	电梯上行指示
X24	一层外呼上按钮	Y24	电梯下行指示
X25	二层外呼上按钮	Y25	超载蜂鸣器
X26	三层外呼上按钮	Y26	开门驱动
X27	二层外呼下按钮	Y27	关门驱动
X30	三层外呼下按钮	Y30	二层外呼下指示
X31	四层外呼下按钮	Y31	三层外呼下指示
X32	模拟/数字转换开关	Y32	四层外呼下指示
X33	对射光电门感应器	Y33	轿厢照明灯
X34	梯锁		

任务1 组态界面设计

任务目标
(1) 了解归纳组态界面设计构件种类和数量,构思组态界面整体布局;
(2) 能够使用各种组态构件完成组态界面的设计、优化和美化,颜色搭配协调自然;
(3) 掌握实时数据库中用户变量的功能作用及其建立修改的方法。

任务描述
设计要求:(1)能用连续移动变化的动画实时显示轿厢的运行轨迹和电梯的开关门动作;(2)编辑所有外呼按键与指示、内选按键与指示、开关门按键与指示、上下行运行方向指示;(3)能实时显示轿厢当前楼层和高度,可以设定开门延时时间。

任务训练

1 新建工程和用户窗口
新建工程,选择对应的触摸屏类型,用户窗口命名为"电梯虚拟仿真与运行监控"。

2 建立实时数据库
在实时数据库中新增对象,设置对象名称和类型。根据电梯运行和监控分外部数据和内部数据,初值均为0,全部数据对象汇总见表7-2。外部数据可供虚拟仿真和运行监控同时使用,需要与PLC连接通道,其命名格式为:数据功能名称+PLC软元件。内部数据仅在虚拟仿真中使用,无须连接通道,其命名格式为:数据功能名称。

表 7-2 数据对象汇总表

序 号	外部数据	类 型	序 号	内部数据	类 型
1	一层上呼指示Y14	开关型	1	一层可以上行	开关型
2	一层上呼按钮M204	开关型	2	一层可以下行	开关型
3	二层上呼指示Y15	开关型	3	一层上行趋势	开关型
4	二层上呼按钮M205	开关型	4	一层下行趋势	开关型
5	三层上呼指示Y16	开关型	5	二层可以上行	开关型
6	三层上呼按钮M206	开关型	6	二层可以下行	开关型
7	二层下呼指示Y30	开关型	7	二层上行趋势	开关型
8	二层下呼按钮M207	开关型	8	二层下行趋势	开关型
9	三层下呼指示Y31	开关型	9	三层可以上行	开关型
10	三层下呼按钮M208	开关型	10	三层可以下行	开关型
11	四层下呼指示Y32	开关型	11	三层上行趋势	开关型
12	四层下呼按钮M209	开关型	12	三层下行趋势	开关型
13	一层内呼按钮M200	开关型	13	四层可以上行	开关型
14	一层内呼指示Y10	开关型	14	四层可以下行	开关型
15	二层内呼按钮M201	开关型	15	四层上行趋势	开关型
16	二层内呼指示Y11	开关型	16	四层下行趋势	开关型

续表

序号	外部数据	类型	序号	内部数据	类型
17	三层内呼按钮M202	开关型	17	轿厢上行趋势	开关型
18	三层内呼指示Y12	开关型	18	轿厢下行趋势	开关型
19	四层内呼按钮M203	开关型	19	一层开关门	数值型
20	四层内呼指示Y13	开关型	20	二层开关门	数值型
21	开门按钮M256	开关型	21	三层开关门	数值型
22	开门驱动Y26	开关型	22	四层开关门	数值型
23	关门按钮M257	开关型	23	平层开门信号	开关型
24	关门驱动Y27	开关型	24	关门限位	开关型
25	电梯上行指示M70	开关型	25	开门限位	开关型
26	电梯下行指示M71	开关型	26	定时时间到	开关型
27	电梯上行驱动Y6	开关型	27	定时器	数值型
28	电梯下行驱动Y7	开关型	28	定时器设定值	数值型
29	一层平层信号M500	开关型	29	t0	开关型
30	二层平层信号M501	开关型	30	t1	开关型
31	三层平层信号M502	开关型	31	t2	开关型
32	四层平层信号M503	开关型	32	t3	开关型
33	高度显示D10	数值型	33	t4	开关型
34	楼层显示D20	数值型	34	t5	开关型
35	显示驱动AY17	开关型	35	模拟监控切换	开关型
36	显示驱动BY20	开关型			
37	显示驱动CY21	开关型			

▶ 3 组态界面设计

（1）组态界面规划

电梯虚拟仿真与运行监控组态界面如图7-3所示，根据设计要求，归纳总结所需构件的种类和数量设计组态界面，见表7-3。

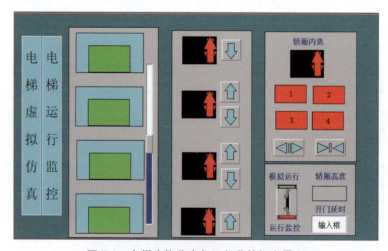

图7-3 电梯虚拟仿真与运行监控组态界面

表7-3　组态界面设计规划

设计要求1	①动画类：开关门连续变化、轿厢运行轨迹，合计2个； ②文本类：根据需要，若干； ③建立构件对应实时数据库中的用户变量
设计要求2	①按键类：1~3层上呼、2~4层下呼、1~4层内选、开门和关门、仿真/运行切换按键，合计13个； ②指示类：1~3层上呼指示、2~4层下呼指示、1~4层内选指示、电梯上行和下行指示，合计12个； ③数字显示类：楼层显示、高度显示，合计2个； ④数值输入类：开门延时时间值输入，合计1个； ⑤文本类：根据需要，若干； ⑥建立构件对应实时数据库中的用户变量
设计要求3	①建立虚拟仿真运行所需实时数据库中的全部用户变量； ②新建用户策略，编写虚拟仿真脚本程序； ③根据实际硬件设备组态，用户变量与PLC软元件进行通道连接； ④新建用户策略，编写运行监控脚本程序

（2）组态界面设计

① 运行模式提示框设计见表7-4。

表7-4　运行模式提示框设计示范与练习

"电梯虚拟仿真"闪烁提示框设计		"电梯运行监控"闪烁提示框设计
操作步骤	参数设置界面	
单击"标签"构件，设置为长条状，双击弹出"标签动画组态属性设置"对话框。在属性设置中设置"填充颜色"为蓝色，"边线颜色"为无色。在特殊动画连接中选中"可见度"和"闪烁效果"复选框		单击"＿＿＿＿＿＿＿"构件，设置为长条状，双击弹出"标签动画组态属性设置"对话框。在属性设置中设置"填充颜色"为＿＿＿＿＿＿，"边线颜色"为＿＿＿＿＿＿。在特殊动画连接中选中"＿＿＿＿＿＿"和"＿＿＿＿"复选框
在扩展属性"文本内容输入"中输入文字"电梯虚拟仿真"	—	在扩展属性"文本内容输入"中输入文字"＿＿＿＿＿＿＿＿"
在闪烁效果中设置表达式为"模拟监控切换=1"，闪烁实现方式选择"用图元属性的变化实现闪烁"，将填充颜色设置为淡绿色，可实现虚拟仿真时背景色蓝色和淡绿色交替变化闪烁，起到醒目提示作用		在闪烁效果中设置表达式为"＿＿＿＿＿＿＿＿＿＿"，闪烁实现方式选择"用图元属性的变化实现闪烁"，将填充颜色设置为淡绿色，可实现在＿＿＿＿＿＿＿＿＿时背景色蓝色和淡绿色交替变化闪烁，起到醒目提示作用

视频●

运行模式提示框设计

续表

"电梯虚拟仿真"闪烁提示框设计		"电梯运行监控"闪烁提示框设计
操作步骤	参数设置界面	
在"可见度"选项卡，表达式设置为"模拟监控切换=1"，当表达式非零时设置为"对应图符可见"，可实现在模拟运行时可见该文字提示框		在"可见度"选项卡，表达式设置为"_____"，当表达式非零时设置为"_____"，可实现在_____时可见该文字提示框

② 电梯外观与层门开关门动画设计见表7-5。

选择"矩形"构件设计4层电梯外观，拖放成一定大小形状，蓝色矩形代表各楼层，绿色矩形代表各层层门，利用排列对齐功能，达到整齐美观效果，如图7-3所示。

表7-5 层门开关门动画设计示范与练习

一层层门开关门动画设计		其余层门开关门动画设计
操作步骤	参数设置界面	
双击一层层门，在"动画组态属性设置"-"属性设置"中，选中"位置动画连接"中的"大小变化"复选框	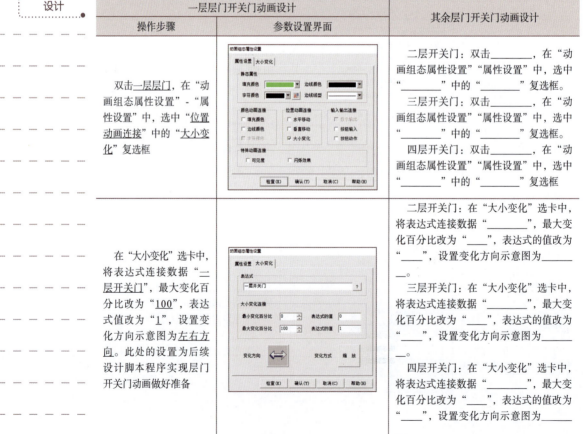	二层开关门：双击_____，在"动画组态属性设置""属性设置"中，选中"_____"中的"_____"复选框。 三层开关门：双击_____，在"动画组态属性设置""属性设置"中，选中"_____"中的"_____"复选框。 四层开关门：双击_____，在"动画组态属性设置""属性设置"中，选中"_____"中的"_____"复选框
在"大小变化"选卡中，将表达式连接数据"二层开关门"，最大变化百分比改为"100"，表达式值改为"1"，设置变化方向示意图为左右向。此处的设置为后续设计脚本程序实现层门开关门动画做好准备		二层开关门：在"大小变化"选卡中，将表达式连接数据"_____"，最大变化百分比改为"____"，表达式的值改为"____"，设置变化方向示意图为_____。 三层开关门：在"大小变化"选卡中，将表达式连接数据"_____"，最大变化百分比改为"____"，表达式的值改为"____"，设置变化方向示意图为_____。 四层开关门：在"大小变化"选卡中，将表达式连接数据"_____"，最大变化百分比改为"____"，表达式的值改为"____"，设置变化方向示意图为_____

③ 轿厢运行轨迹动画设计。

选择"滑动输入器"设计为长条状，长度与电梯外观高度匹配。双击"滑动输入器"，设置"滑块高度"为"15"，"滑块宽度"为"40"，如图7-4所示；设置"标注显示"为"不显示"；将"对应数据对象的名称"连接变量"高度显示D10"，"滑块在最右（上）边时对应的值"为"1500"（模型电梯的轿厢高度为1500 mm），如图7-5所示。滑块设置完成如图7-6所示。

图 7-4 滑动输入器基本属性设置

图 7-5 滑动输入器操作属性设置

图 7-6 轿厢轨迹

视频
轿厢运行轨迹动画设计

轿厢运行轨迹各层停靠位置调整见表7-6。

表 7-6 轿厢运行轨迹各层停靠位置调整

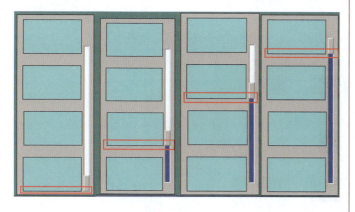	调整一层和四层轿厢停靠位置的方法：拖动滑块至滑动输入器最下端，滑块最下端与电梯一层最下端齐平；拖动滑块至滑动输入器最上端，滑块最下端与电梯四层最下端齐平。如不齐平，可向下或向上伸缩滑动输入器，调整至齐平如左图所示 调整二层和三层轿厢停靠位置的方法：按住【Ctrl】键，鼠标左键分别选中1~4层绿色层门，利用"纵向等间距"进行排列，即可调整至齐平

④ 楼层运行显示设计。

楼层显示标签设计：将标签构件填充为"黑色"，字符为"红色"，输入输出连接选中"显示输出"。在显示输出中，将表达式设置为数据"楼层显示D20"，输出值类型为"数值量输出"，输出格式取消浮点输出和自然小数位选中，小数位数为"0"。

上下行箭头指示设计见表7-7。

视频
楼层运行显示设计

表 7-7　上下行箭头指示设计示范与练习

电梯上行箭头指示设计	电梯下行箭头指示设计
在"常用符号"构件中选择水平向右箭头标志，通过缩放和左旋90°，得到上行箭头指示	在"常用符号"构件中选择水平向右箭头标志，通过缩放和_____，得到_____箭头指示
双击上行箭头，填充颜色设置为"红色"，在属性设置中选中特殊动画连接中的"可见度"复选框，如下左图所示。在可见度中表达式连接为数据对象"电梯上行指示M70"如下右图所示	双击____箭头，填充颜色设置为"红色"，在属性设置中选中特殊动画连接中的"_____"。在"可见度"中表达式连接为数据对象"_____"
 上行箭头指示属性设置	 上行箭头指示可见度设置

单元合成：将上下行箭头放入楼层显示标签中，调整大小。左键全部框选，鼠标右键单击，在"排列"中选择"合成单元"，如图7-7所示。调整楼层显示合成单元的大小后，按住【Ctrl】键向右拖动，逐个添加在4个楼层显示位置上。

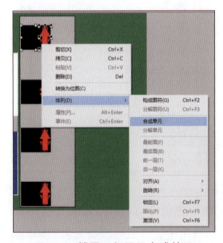

图 7-7　楼层运行显示合成单元

⑤ 外呼按钮及指示设计见表7-8。

设计1～3层上呼按钮和2～4层下呼按钮以及对应按钮上下行箭头指示，调整大小放置于适当位置。

视 频

外呼按钮及指示设计

表 7-8 外呼按钮及指示设计示范与练习

四层下呼按钮及下行箭头指示设计	其余外呼按钮与指示设计
选择"标准按钮",在"基本属性"中删除按钮文本;在"操作属性"中选中"数据对象值操作"复选框,选择"按1松0",连接数据对象"四层下呼按钮M209",如右图所示	三层下呼按钮连接数据对象"_____"; 二层下呼按钮连接数据对象"_____"; 三层上呼按钮连接数据对象"_____"; 二层上呼按钮连接数据对象"_____"; 一层上呼按钮连接数据对象"_____"
在"常用符号"构件中选择水平向右箭头标志,通过缩放和右旋90°,得到下行箭头指示。双击下行箭头,在属性设置中,填充颜色设置为"天蓝色",选中颜色动画连接中的"填充颜色"复选框,如下左图所示。在填充颜色中,表达式数据连接为"四层下呼指示Y32",分段点0对应"天蓝色",分段点1对应"红色",即当表达式为1时,箭头指示灯由天蓝色变为红色如下右图所示	复制粘贴,新增2个下行指示箭头,分别连接数据"_____"、"_____"。 缩放和____90°,得到上行箭头指示。复制粘贴,新增3个上行指示箭头,分别连接数据"_____"、"_____"、"_____"
左键选中四层下呼按钮,鼠标右键单击,在"排列"中选择"后一层"。同样的操作,将四层下指示灯设置为"最前面"。将两者组合,放置于合适位置	将其余5组外呼按钮和运行指示灯正确组合,放置于合适位置
 外呼下行指示属性设置	 外呼下行指示填充颜色设置

⑥ 内呼按钮及指示设计见表7-9。

设计1~4层内呼按钮以及按钮响应指示,调整合适大小放置于适当位置,如图7-3所示。

视 频
内呼按钮及指示设计

表 7-9　内呼按钮及指示设计示范与练习

内呼一层按钮及响应指示设计	其余内呼按钮与指示设计
内呼按钮编辑：选择标准按钮，基本属性中的文本编辑为"1"，操作属性中的"数据对象值操作"选择为"按1松0"，数据连接为"<u>一层内呼按钮M200</u>"，并放置于合适位置	二层内呼按钮：文本编辑为"___"，数据连接为"___"。 三层内呼按钮：文本编辑为"___"，数据连接为"___"。 四层内呼按钮：文本编辑为"___"，数据连接为"___"
内呼指示编辑：选择标签，将标签页文本编辑为"1"，填充颜色设置为"红色"，"特殊动画连接"选中"可见度"复选框，将"可见度"中的表达式连接数据为"<u>一层内呼指示Y10</u>"	二层内呼指示：文本编辑为"___"，数据连接为"___"。 三层内呼指示：文本编辑为"___"，数据连接为"___"。 四层内呼指示：文本编辑为"___"，数据连接为"___"
可见度图层设计：分别选中内呼钮和内呼指示标签，右键选择"排列"，设置内呼指示标签为"前面"，内呼按钮为"后一层"，拖动指示标签覆盖在对应按钮上	将其余3组内呼按钮和响应指示正确组合，放置于合适位置
总结：利用图层和可见度实现按钮后的动画效果，若有内呼按钮按下，可见度表达式为1，显示为红色标签；若无内呼按钮按下，可见度表达式为0，不可见红色标签，即显示灰色内呼按钮	

⑦ 开关门按钮设计。

图元设计：选择"常用符号"窗口中的"三角形"，获得方向相对和方向相背的4个三角形图元；再画2根宽度稍宽的竖直线，调整三角形图元至合适的大小，并使直线的高度和三角形图元的高度相同，如图7-8所示。

颜色动画：将三角形和直线的颜色均设为蓝色，颜色动画连接设为"填充颜色"。开门和关门按钮填充颜色中表达式分别连接数据"开门按钮M256"和"关门按钮M257"，分段点设置0为蓝色和1为红色。

按钮设计：调整无文字提示的开门和关门按钮至合适大小，在操作属性中选中"数据对象值操作"复选框，选择"按1松0"，数据对象选择分别连接数据"开门按钮M256"和"关门按钮M257"。

单元合成：将2对三角形和直线组成图元拖动至空白按钮的中央，全部框选后鼠标右击选择排列，将其"合成单元"完成开门和关门按钮的制作，如图7-9所示。

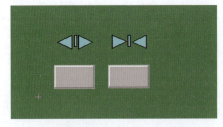

图 7-8　开关门按钮图元编辑

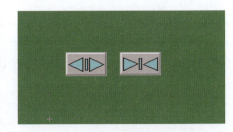

图 7-9　开关门按钮单元合成

⑧ 运行模式按钮设计。

打开"开关"库选择"开关17",如图7-10所示。在其上、下方分别放置"模拟运行"和"运行监控"文本框,如图7-3所示。

双击打开运行模式开关,在"单元属性设置"的"动画连接"中,单击需要编辑图元名后的">"符号,如图7-11所示。第一个组合图符按钮输入为"绿色",数据对象值操作连接数据"模拟监控切换";编辑可见度表达式"模拟监控切换=1"对应图符可见,如图7-12所示。第二个组合图符按钮输入为"红色",编辑可见度表达式"模拟监控切换=0"对应图符可见,最终的全部动画连接设置如图7-13所示。

视频 运行模式按钮设计

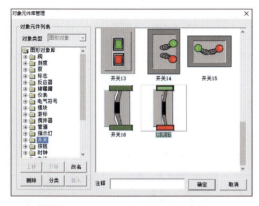

图 7-10 运行模式开关选择开关17

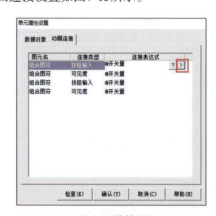

图 7-11 组合图符按钮输入设置

图 7-12 组合图符按钮输入可见度设置

图 7-13 组合图符动画连接全部设置

⑨ 轿厢高度和开门延时设计。

轿厢高度显示编辑:设置标签,选中"显示输出"复选框,如图7-14所示。将"显示输出"表达式连接数据对象"高度显示D10","输出值类型"为"数值量输出","输出格式"为"十进制","小数位数"修改为"0",如图7-15所示。

视频 轿厢高度和延时时间设计

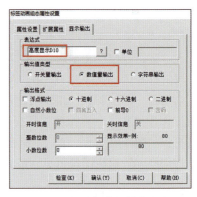

图7-14 轿厢高度标签属性设置　　　图7-15 轿厢高度标签输出显示

开门延时编辑：选择输入框，连接数据对象"定时器设定值"，取消"自然小数位"选中，"小数位数"为"0"，最小值为"0"，最大值为"10"。

 评价

组态设计评分表见表7-10。

表7-10 组态设计评分表

任务	评分表 _____学年	工作形式 □个人 □小组分工 □小组	工作时间/min _____	
	训练内容	训练要求	学生自评	教师评分
组态界面设计	1. 数据库制作，15分	72个数据对象录入实时数据库，每少1个扣0.5分		
	2. 动画制作，20分	开门连续变化、轿厢运行轨迹动画合计2个，每个10分		
	3. 按键制作，26分	1～3层上呼、2～4层下呼、1～4层内选、开门和关门、仿真/运行切换按键合计13个，每个2分		
	4. 指示制作，24分	1～3层上呼指示、2～4层下呼指示、1～4层内选指示、电梯上行和下行指示合计12个，每个2分		
	5. 数值显示制作，6分	楼层显示、高度显示合计2个，每个3分		
	6. 数值输入制作，4分	开门延时时间值输入		
	7. 职业素养与安全意识，5分	现场安全保护；分工合作，配合紧密；遵守纪律、6S管理		

学生：_____ 教师：_____ 日期：_____

练习与提高

1. 进行构件分解和组合的步骤有哪些？
2. 如何实现层门的开关门动画？
3. 如何编辑实现轿厢动画跟随？
4. 描述添加通道和命名连接变量的过程。

任务2 虚拟仿真运行

任务目标

（1）了解电梯的运行逻辑和控制流程；
（2）掌握运行策略和脚本程序的功能及类型，能编辑脚本程序；
（3）能调试电梯虚拟仿真策略和脚本程序，会操作运行虚拟仿真系统。

任务描述

按照四层电梯运行逻辑要求建立运行策略，设计编写脚本程序，完成虚拟仿真运行调试。四层电梯运行逻辑：对多个同向的内选信号，按到达位置先后次序依次响应；对同时有多个内选信号与外呼信号的情况，响应原则为"先按定向，同向响应，顺向截梯，最远端反向截梯"。电梯运行流程图如图7-16所示。

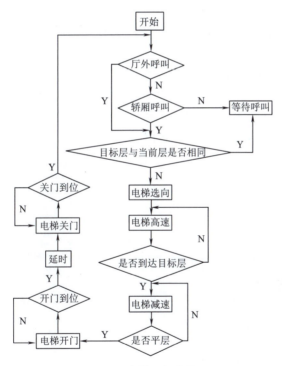

图 7-16 电梯运行流程图

1 新建策略属性编辑

新建策略，选择策略类型。本次任务需要使用用户策略和循环策略，用户策略的功能是供其他策略、按钮和菜单等使用，循环策略是按照设定的时间循环运行，如图7-17所示。

新建策略示范与练习见表7-11。

图 7-17 运行策略

视 频

新建策略
属性编辑

笔记栏

表 7-11 新建策略示范与练习

新建"内呼指示策略"命名及修改注释	新建其他策略命名及修改注释
新建用户策略，修改"策略名称"为"内呼指示策略"，"策略内容注释"为<u>供模拟运行策略调用</u>，设置完毕后单击"确认"按钮，如下图所示	新建_____，修改"策略名称"为"外呼指示策略"，"策略内容注释"为"_____"； 新建用户策略，修改"策略名称"为"_____"，"策略内容注释"为"_____"； 新建_____，修改"策略名称"为"开关门策略"，"策略内容注释"为"_____"； 新建循环策略，修改"策略名称"为"_____"，"策略内容注释"为"_____"

视 频

内呼指示
策略编辑

2 策略组态与策略脚本程序编辑

（1）"内呼指示策略"用户策略组态与脚本程序编辑

① 策略组态：双击"内呼指示策略"打开"策略组态：内呼指示策略"对话框，单击"工具条"中的 按钮打开"策略工具箱"。

② 策略行新增：单击"工具条"中的 按钮新增策略行，如图7-18所示。双击表达式条件 ，在弹出页表达式中输入"模拟监控切换=1"，如图7-19所示，即只有满足该条件，才会调用后续功能，否则不调用。

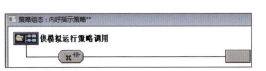

图 7-18 新增策略行　　　　　图 7-19 表达式条件编辑

③ 脚本程序编辑：选中策略行最右侧的功能块 ，双击策略工具箱"脚本程序"，完成策略行脚本程序的添加，如图7-20所示。

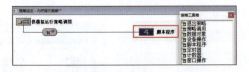

图 7-20 策略行添加脚本程序

④ "内呼指示策略"脚本程序编辑：单击右下角 IF~THEN 、 NOT 和 AND 语句助记符按钮，建立脚本程序语句框架。将鼠标位置留在2个语句助记符的中间位置（前后都需要留下至少1个空格），打开数据对象目录树，选择相应数据对象，双击完成脚本程序编

辑，见表7-12。

编辑完成后，单击"检查"按钮，若弹出"组态设置正确，没有错误！"提示框，则单击"确定"按钮实现保存退出。若弹出"组态错误！"提示框，则应按照错误内容提示信息修改脚本程序，直至组态设置正确。

表 7-12 "内呼指示策略"脚本程序编辑示范与练习

"一层内呼指示"脚本程序示范
IF <u>一层内呼按钮M200</u> AND NOT <u>一层平层信号M500</u> THEN <u>一层内呼指示Y10</u>=1
IF <u>一层平层信号M500</u> AND <u>开门驱动Y26</u> THEN <u>一层内呼指示Y10</u>=0
"二层内呼指示"脚本程序设计
IF _____ AND NOT _____ THEN 二层内呼指示Y11=1
IF _____ AND _____ THEN 二层内呼指示Y11=0
"三层内呼指示"脚本程序设计
IF _____ AND NOT _____ THEN 三层内呼指示Y12=1
IF _____ AND _____ THEN 三层内呼指示Y12=0
"四层内呼指示"脚本程序设计
IF _____ AND NOT _____ THEN 四层内呼指示Y13=1
IF _____ AND _____ THEN 四层内呼指示Y13=0

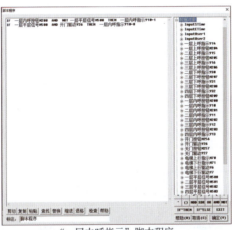

"一层内呼指示"脚本程序

（2）"外呼指示策略"用户策略组态与脚本程序编辑

参照"内呼指示策略"的用户策略组态与脚本程序编辑步骤与方法，新增策略行和编辑脚本程序，见表7-13。

表 7-13 "外呼指示策略"脚本程序编辑示范与练习

"一、二层外呼指示"脚本程序示范
IF <u>一层平层信号M500</u> AND <u>开门驱动Y26</u> THEN <u>一层上呼指示Y14</u>=0
IF <u>一层上呼按钮M204</u> AND NOT <u>一层平层信号M500</u> THEN 一层上呼指示Y14=1
IF <u>二层平层信号M501</u> AND （<u>电梯下行指示M71</u> OR <u>二层可以下行</u>）AND 开门驱动Y26 THEN 二层下呼指示Y30=0
IF <u>二层下呼按钮M207</u> AND NOT <u>二层平层信号M501</u> THEN 二层下呼指示Y30=1
IF <u>二层平层信号M501</u> AND （<u>电梯上行指示M70</u> OR <u>二层可以上行</u>）AND 开门驱动Y26 THEN 二层上呼指示Y15=0
IF <u>二层上呼按钮M205</u> AND NOT <u>二层平层信号M501</u> THEN 二层上呼指示Y15=1

续表

"三、四层外呼指示"脚本程序练习
IF _____ AND (_____ OR _____) AND 开门驱动Y26 THEN 三层下呼指示Y31=0
IF _____ AND NOT _____ THEN 三层下呼指示Y31=1
IF _____ AND (_____ OR _____) AND 开门驱动Y26 THEN 三层上呼指示Y16=0
IF _____ AND NOT _____ THEN 三层上呼指示Y16=1
IF _____ AND 开门驱动Y26 THEN 四层下呼指示Y32=0
IF _____ AND NOT _____ THEN 四层下呼指示Y32=1

（3）"平层和楼层显示"用户策略组态与脚本程序编辑

参照"内呼指示策略"的用户策略组态与脚本程序编辑步骤与方法，新增策略行和编辑脚本程序，脚本程序编辑中助记符大小写均可，见表7-14。

表 7-14 "平层和楼层显示"脚本程序编辑示范与练习

一、二层"平层信号"和"楼层显示"脚本程序示范	三、四层"平层信号"和"楼层显示"脚本程序练习

IF 高度显示D10<500 AND 高度显示D10>=0 THEN
　　楼层显示D20=1
IF 高度显示D10=0 THEN
　　一层平层信号M500=1
ELSE
　　一层平层信号M500=0
ENDIF
IF 高度显示D10<1000 AND 高度显示D10>=500 THEN
　　楼层显示D20=2
　IF 高度显示D10=500 THEN
　　　二层平层信号M501=1
　ELSE
　　　二层平层信号M501=0
ENDIF
	IF 高度显示D10<＿＿ AND 高度显示D10>=＿＿ THEN
	　　楼层显示D20=＿＿
	IF 高度显示D10=＿＿ THEN
	　　_____=1
	ELSE
	　　_____=0
	ENDIF
	IF 高度显示D10>=＿＿ THEN
	　　楼层显示D20=＿＿
	　IF 高度显示D10=＿＿ THEN
	　　　_____=1
	　ELSE
	　　　_____=0
	ENDIF

（4）"开关门策略"循环策略组态与脚本程序编辑

① 策略组态：双击"开关门策略"打开"策略组态：开关门策略"对话框，双击 [图标] 弹出"策略属性设置"对话框，将"定时循环执行，循环时间(ms)"设定为50 ms，即该策略按照50 ms时间间隔循环执行，如图7-21所示。

② 策略行新增：单击"工具条"中的 [按钮] 按钮新增2条策略行，分别双击2条策略行表达式条件 [图标]，在弹出页表达式中输入"模拟监控切换=1"。编辑策略行最右侧的功能块 [图标]，双击策略工具箱"定时器"和"脚本程序"，完成策略行脚本程序的添加，如图7-22所示。

③ 定时器的设置：双击定时器，弹出"计时器"对话框，将"设定值"设为"定时器设定值"，"当前值"设为"定时器"，"计时条件"设为"开门限位"，"复位条件"设为"关门限位"，"计时状态"设为"定时时间到"，如图7-23所示。

该定时器的功能作用是，当轿厢开门驱动，门打开至最大，满足开门限位计时条件开始计时，计时设定值由"定时器设定值"输入，当前值由"定时器"输出，计时是否到由计时状态"定时时间到"输出，定时器复位由复位条件"关门限位"输入决定。

图 7-21 循环策略属性循环时间编辑

图 7-22 开关门策略组态

图 7-23 定时器的属性设置

(5) "开关门策略"脚本程序编辑

打开"脚本程序",单击右下角 IF~THEN 、IF~ELSE 、OR 和 AND 按钮编辑脚本程序,见表7-15。

表 7-15 "开关门策略"脚本程序编辑示范与练习

一层层门开关门和开门限位脚本程序示范	其余层门开关门和关门限位脚本程序练习

'//注释:一层层门开关门动画。满足一层开关门条件,则每50 ms循环策略执行一次,开关门幅度数值大小为0.02。"一层开关门"是数值型,范围为0~1,即完成一次完整的开关门动画需要50次循环,耗时2.5 s。该幅度值可根据实物电梯开关门情况进行调整,实现触摸屏开关门动画与真实电梯开关门动作一致。
 	
IF 一层平层信号M500 AND 开门驱动Y26 AND 一层开关门<1 THEN
　　一层开关门=一层开关门+0.02
　　IF 一层平层信号M500 AND 关门驱动Y27 AND 一层开关门>0 THEN
　　一层开关门=一层开关门-0.02
	二层层门开关门脚本程序编辑
	IF _____AND 开门驱动Y26
	AND _____<1 THEN
	二层开关门=二层开关门+0.02
	IF _____AND 关门驱动Y27 AND _____>0 THEN
	二层开关门=二层开关门-0.02
	　　三层层门开关门脚本程序编辑
	IF _____AND 开门驱动Y26
	AND _____<1 THEN
	三层开关门=三层开关门+0.02
	IF _____AND 关门驱动Y27 AND _____>0 THEN
	三层开关门=三层开关门-0.02
	　　四层层门开关门脚本程序编辑
	IF _____AND 开门驱动Y26
	AND _____<1 THEN
	四层开关门=四层开关门+0.02
	IF _____AND 关门驱动Y27 AND _____>0 THEN
	四层开关门=四层开关门-0.02

一层层门开关门和开门限位脚本程序示范	其余层门开关门和关门限位脚本程序练习

'// 注释：开门限位开关。任意层门开门至数值1，即开门幅度至最大100%，开门限位输出1，否则输出0。
 	
IF 一层开关门>=1 OR 二层开关门>=1 OR 三层开关门>=1 OR 四层开关门>=1 THEN
　　开门限位=1
ELSE
　　开门限位=0
ENDIF
	'// 注释：关门限位开关。任意层门关门至数值0，即关门幅度至最小0%，关门限位输出1，否则输出0。
	
	IF _____<=0 AND _____<=0 AND _____<=0 AND _____<=0 THEN
	　　_____=1
	ELSE
	　　_____=0
	ENDIF

（6）"模拟运行策略"循环策略组态与脚本程序编辑

策略组态和策略行新增的步骤和方法与"开关门策略"相同，新增"模拟运行策略"循环策略。4层电梯模拟运行脚本程序很复杂、篇幅长，同时还需要使用系统函数!SetStgy（运行策略名称）调用用户策略，如图7-24所示。扫描二维码直接下载脚本程序文档，文档中对程序模块做出了较为详细的注释，对理解模拟运行脚本程序和模拟运行调试有很大的帮助，可扫描二维码观看视频讲解。

图 7-24　系统函数 !SetStgy

3 虚拟仿真调试

单击模拟运行下载工程，进入模拟运行环境。（扫描二维码可观看虚拟仿真运行与调试）

（1）虚拟仿真模式选择及开门延时时间设定

将开关切换至"模拟运行"，由"电梯运行监控"切换成"电梯虚拟仿真"，如图7-25所示。

在"开门延时"中设定延时时间，例如为5 s。此时，电梯模拟运行的初始状态正确现象为：运行模式指向"模拟运行"，电梯轿厢停在一层，楼层显示数字"1"，轿厢高度显示"0"，开门延时设置为"5"。

（2）电梯内呼模拟运行功能测试

以轿厢停在初始状态一层，二层内呼模拟运行测试为例，进行相关功能测试。单击二层内呼按钮"2"，指示灯由蓝色变为红色；运行指示灯显示为红色向上箭头，电梯轿厢缓慢上升；轿厢高度显示值由"0"逐渐增大。轿厢到达二层时，高度显示值增加至"500"，楼层显示由"1"变为"2"，轿厢停止，内呼按钮"2"指示灯由红色恢复为蓝色；二层绿色层门自动打开，开门动画连续，打开至最大幅度后延时5 s，关门动画连续。其余楼层内呼测试操作与正确现象类似，逐一测试。

图 7-25　组态工程模拟运行

（3）电梯开关门模拟运行功能测试

以轿厢停在一层为例进行开关门功能测试。按下开门按钮层门打开，指示灯变为红色；松开时，指示灯恢复为蓝色，层门继续打开至最大，延时5 s后自动关门。按下关门按钮层门关闭，指示灯变为红色；松开时，指示灯恢复为蓝色，层门继续关门直至完全关闭。其余停靠楼层开关门测试操作与正确现象相同，逐一测试。

（4）电梯外呼模拟运行功能测试

电梯外呼模拟运行功能测试分为电梯外呼上行、电梯外呼下行和电梯外呼上下行3个步骤。

① 电梯外呼上行模拟运行测试：将轿厢停靠在三层以下，以三层外呼上行为例进行电梯上行功能测试。按下三层外呼上行按钮，其指示灯变为红色；电梯轿厢缓慢上行至三层，红色上行指示箭头可见；轿厢高度显示值逐渐增加至"1000"；到达三层，楼层显示由"2"变为"3"，轿厢停止，指示灯恢复为蓝色；层门自动打开至最大幅度，延时5 s后自动关门。

② 电梯外呼下行模拟运行测试：将轿厢停靠在四层，以二层外呼下行为例进行电梯下行功能测试。按下二层外呼下行按钮，指示灯变为红色；电梯轿厢缓慢下行至二层，红色下行指示箭头可见；轿厢高度显示值逐渐减小至"500"；到达二层，楼层显示由"4"变为"2"，轿厢停止；指示灯恢复为蓝色；层门自动打开至最大幅度，延时5 s后自动关门。

③ 电梯外呼上下行模拟运行测试：电梯上行、下行功能分别测试正确后，进行外呼上下行模拟运行综合调试。将外呼上下行所有按钮都按下，仔细观察电梯运行现象和数值显示是否正确。

（5）虚拟仿真运行综合测试

将轿厢随机停靠在不同楼层，随机按下内呼和外呼按钮，进行多次不同组合测试。请仔细观察轿厢响应外呼停靠楼层现象、运行方向指示、轿厢高度和楼层显示数值变化、指示灯颜色变化以及开关门动作是否正确。

▶ **4 虚拟仿真调试常见错误与排除方法**

虚拟仿真常见错误与排除方法见表7-16，修改完善对应脚本程序可实现正确功能。

表 7-16 虚拟仿真常见错误与排除方法

序号	常见错误现象	排除方法
1	电梯开关门动画不正确	检查开关门策略脚本程序
2	外呼按键指示灯不正确	检查外呼指示策略脚本程序
3	内呼按键指示灯不正确	检查内呼指示策略脚本程序
4	楼层数值显示不正确	检查平层和楼层显示脚本程序中的楼层显示程序
5	轿厢高度显示错误	检查模拟运行策略脚本程序中的垂直移动动画程序
6	不能开门	检查模拟运行策略脚本程序中的开门驱动程序
7	不能关门	检查模拟运行策略脚本程序中的关门驱动程序
8	上下行指示错误	检查模拟运行策略脚本程序中的电梯上、下行指示程序
9	上下行响应逻辑错误	检查模拟运行策略脚本程序中的上行驱动和下行驱动涉及的相关程序

笔记栏

5 评价

虚拟仿真功能测试评分表见表7-17。

表7-17 虚拟仿真功能测试评分表

评分表_____学年		工作形式 □个人 □小组分工 □小组	工作时间/min_____	
任务	训练内容	训练要求	学生自评	教师评分
虚拟仿真运行	组态设计，45分	（1）轿厢高度数值显示框编辑，2分 （2）开门延时数值设置框编辑，2分 （3）楼层数值显示框编辑，2分， （4）工作模式选择按键编辑，2分 （5）工作模式文字提示信息编辑，2分 （6）外呼、内呼按键编辑合计10个，每处2分，计20分 （7）开门、关门按键2个，每处2分，合计4分 （8）上、下行箭头编辑2个，每处1分，合计2分 （9）轿厢运行轨迹编辑，2分 （10）各楼层门合计4处，每处1分，合计4分 （11）组态界面美观分，3分		
	虚拟仿真，45分	（1）轿厢高度显示正确，2分 （2）按延时数值开门动作，2分 （3）楼层数值显示正确，2分， （4）工作模式选择按键可以切换，2分 （5）工作模式文字提示信息动画正确，2分 （6）外呼、内呼按键功能及指示正确，每处1分，计10分 （7）开、关门功能及指示正确，每处3分，合计6分 （8）上、下行箭头指示正确，每处1分，合计2分 （9）轿厢运行轨迹动画正确，4分 （10）各楼层门开关门动画正确，6分 （11）电梯模拟运行控制逻辑正确，7分		
	职业素养与安全意识，10分	现场安全保护；分工合作，配合紧密；遵守纪律，6S管理		

学生：_____ 教师：_____ 日期：_____

 练习与提高

1. 如何实现层门开关门动画快慢的调整？
2. 如何实现轿厢升降动画快慢的调整？

▶ 任务3 电梯运行监控

🐼 任务目标

（1）掌握触摸屏与PLC的连接和通信参数的设置；
（2）会编辑下载运行监控脚本程序；
（3）能操作电梯模型设备，会调试运行监控组态界面。

任务描述

设置触摸屏的PLC设备组态参数，编辑下载运行监控脚本程序；会下载电梯运行PLC程序；正确完成触摸屏与电梯实物模型的通信连接，实现数字孪生运行监控功能。

 任务训练

1 设备窗口组态设计

MCGS 公司的TPC7062Ti触摸屏连接三菱FX3U系列PLC。在设备窗口中设置通用串口父设备，父设备下挂子设备三菱_FX系列编程口。设置通用串口父设备端口号为COM1，波特率为9 600Bd，数据位7位，停止位1位，偶校验。设置CPU类型FX3UCPU，按照表7-2外部数据进行设备通道连接。

2 设计运行监控策略

双击"运行监控策略"新增策略行，表达式条件中输入"模拟监控切换=0"，功能块中添加"脚本程序"。"运行监控"脚本程序需要调用"内呼指示策略"和"外呼指示策略"用户策略，但不需要调用"平层和楼层显示"用户策略，平层和楼层显示驱动信号由触摸屏连接通道从PLC中获取。详细的"运行监控"脚本程序见表7-18。（可观看二维码录屏）

视频

运行监控
策略编辑

表 7-18 "运行监控"脚本程序

```
!SetStgy(内呼指示策略)
!SetStgy(外呼指示策略)
'//将2进制数转换成10进制数显示楼层数值
IF  显示驱动AY17=1 AND 显示驱动BY20=0 AND 显示驱动CY21=0 THEN   楼层显示D20=1
IF  显示驱动AY17=0 AND 显示驱动BY20=1 AND 显示驱动CY21=0 THEN   楼层显示D20=2
IF  显示驱动AY17=1 AND 显示驱动BY20=1 AND 显示驱动CY21=0 THEN   楼层显示D20=3
IF  显示驱动AY17=0 AND 显示驱动BY20=0 AND 显示驱动CY21=1 THEN   楼层显示D20=4
'///上下行动画与电梯轿厢同步调整用。若与实际不同步，可根据实际轿厢运行速度调整动画步长20数据大小来改善
IF  电梯上行指示M70=1 and 高度显示D10<1500 THEN   高度显示D10=高度显示D10+20
IF  电梯下行指示M71=1 and 高度显示D10>0    THEN   高度显示D10=高度显示D10-20
'//平层信号与轿厢高度同步调整用。若与实际不同步产生严重突调，可调整上述步长改善。
IF  一层平层信号M500 THEN 高度显示D10=0
IF  二层平层信号M501 THEN 高度显示D10=500
IF  三层平层信号M502 THEN 高度显示D10=1000
IF  四层平层信号M503 THEN 高度显示D10=1500
```

3 PLC程序设计与编辑

根据电梯运行流程图7-16所示，PLC控制程序设计主要包含楼层判断显示模块、厅外呼叫按键指示模块、厅内呼叫按键显示模块、电梯高速运行和低速减速模块、电梯平层模块、电梯开门到位延时模块、电梯关门到位模块、上下行顺向截梯模块。

素材

电梯运行PLC
程序

4 评价

下载触摸屏组态界面和PLC程序至四层电梯模型，在运行监控模式下进行功能测试和评分，见表7-19。操作四层电梯模型的内呼和外呼按钮，或按下触摸屏上的内呼和外呼按钮，电梯模型按照控制逻辑运行，且电梯模型上的各种指示、数值、标志与触摸屏完全一致，实现数字孪生功能。

表7-19 运行调试功能测试评分表

评分表_____学年		工作形式 □个人 □小组分工 □小组	工作时间/min_____	
任务	训练内容	训练要求	学生自评	教师评分
电梯运行监控	组态设计,45分	(1) 轿厢高度数值显示框编辑,2分 (2) 开门延时数值设置框编辑,2分 (3) 楼层数值显示框编辑,2分, (4) 工作模式选择按键编辑,2分 (5) 工作模式文字提示信息编辑,2分 (6) 外呼、内呼按键编辑合计10个,每处2分,计20分 (7) 开门、关门按键2个,每处2分,合计4分 (8) 上、下行箭头编辑2个,每处1分,合计2分 (9) 轿厢运行轨迹编辑,2分 (10) 各楼层门合计4处,每处1分,合计4分 (11) 组态界面美观分,3分		
	运行调试,45分	(1) 轿厢高度显示正确,2分 (2) 按延时数值开门动作,2分 (3) 楼层数值显示正确,2分, (4) 工作模式选择按键可以切换,2分 (5) 工作模式文字提示信息动画正确,2分 (6) 外呼、内呼按键功能及指示正确,每处1分,计10分 (7) 开、关门功能及指示正确,每处3分,合计6分 (8) 上、下行箭头指示正确,每处1分,合计2分 (9) 轿厢运行轨迹动画正确,4分 (10) 各楼层门开关门动画正确,6分 (11) 电梯模拟运行控制逻辑正确,7分		
	职业素养与安全意识,10分	现场安全保护;分工合作,配合紧密;遵守纪律,6S管理		

学生:_____ 教师:_____ 日期:_____

练习与提高

1. 如何实现触摸屏层门开关门动画和电梯模型动作一致?
2. 如何实现触摸屏轿厢升降动画和电梯模型速度一致?
3. 请在云平台完成该任务。
4. 在虚拟、云平台、大数据、人工智能、物联网环境中,你如何履践致远,成为"虚云大人物"?
5. 踔厉奋发,笃行不怠,赓续前行,奋楫争先。新时代大学生技艺精、劳动美、秀才智、亮绝活,在岗位上展现现代工匠的"引领力、实践力、创新力、攻关力、传承力",为推进传统产业升级、新兴产业壮大、未来产业培育注入不竭动力。完成本教材的学习,您初步具备潜质,完成表7-20的自评。

表7-20 "工匠五力"自评表

工匠五力	业　绩	内　涵	自　评
引领力	勇挑重担	在学习岗位上兢兢业业、勇于担当，带头承担工作重任	
	追求卓越	秉持工匠精神，不断超越进取，代表班级先进水平	
	榜样引领	发挥榜样带动作用，团结引领，创新创效	
实践力	技能精湛	业务达到班级领先水平，获得技能等级	
	业绩突出	核心业务成绩连续三年显著高于本班平均水平	
	持续学习	具有持续提升的韧劲，善于学习新知识、掌握新技能	
创新力	业务洞察	在实践中发现问题、探索分析、总结规律，提出解决问题、生产优化等方案，或找出疑难问题的症结所在	
	创新成果	开展技术改进或项目研发，形成专利等知识产权	
	价值创造	实施的项目优化方案在全班发挥重要作用	
攻关力	担当重任	参与劳动竞赛，获得省、市或行业的奖项	
	协同配合	与同学形成团队，在项目协同攻关中发挥重要作用；集体攻关技术难题	
	直面难题	积极投身于推动解决学习和项目上"卡脖子"难题，取得成效	
传承力	总结继承	吸收借鉴优良传统、归纳提炼技术技能，用新技术改造提升传统产业，促进产业高端化、智能化、绿色化	
	培养人才	开展传帮带，带动周围同学的学习和实践	
	应用智能	推动本领域知识技能的智能化、数字化应用，促进专业知识技能与智能工具相融合	